我热爱
这拼尽全力的
每一天

WORK HARD
EVERYDAY

雾满拦江

著

台海出版社

图书在版编目（CIP）数据

我热爱这拼尽全力的每一天 / 雾满拦江著. —北京：
台海出版社, 2019.4

ISBN 978-7-5168-2273-9

Ⅰ.①我… Ⅱ.①雾… Ⅲ.①人生哲学—通俗读物
Ⅳ.①B821-49

中国版本图书馆CIP数据核字（2019）第041591号

我热爱这拼尽全力的每一天

著　　者：雾满拦江	
责任编辑：戴　晨	
责任校对：李　雯	责任印制：蔡　旭

出版发行：台海出版社

地　　址：北京市东城区景山东街20号　　　邮政编码：100009

电　　话：010-64041652（发行，邮购）

传　　真：010-84045799（总编室）

网　　址：www.taimeng.org.cn/thcbs/default.htm

E-mail：thcbs@126.com

经　　销：全国各地新华书店

印　　刷：三河市金元印装有限公司

本书如有破损、缺页、装订错误，请与本社联系调换

开　　本：710mm×1000mm　　1/16

字　　数：244千字　　　　　印　　张：18.5

版　　次：2019年4月第1版　　印　　次：2019年4月第1次印刷

书　　号：ISBN 978-7-5168-2273-9

定　　价：49.80元

目录

第三章
和这个世界如何相处

第四章
换一个角度看世界

第五章
让自己富有

第六章
过上你想要的生活

第 一 章

：

拥抱世界，开放思维

：

人生没有地图，只有指南针

奥数①风行时，曾出现过许多奇怪的试题。如果有奥数怪题排行榜，下面这道题多半会入围：

有只可爱的小熊，走路时不小心，失足掉进一个大坑。已知可爱的熊宝宝坠落时的速度是10米/秒。请问这只熊是什么颜色的？

多奇怪的奥数题，难怪孩子哭得稀里哗啦，父母启动社会资源，寻找答案。

先找学神。学神说："题目中给出的信息，与要求无关，此题无解。"

再找学霸。学霸说："地球上，物体的坠落速度是9.8米/秒。只有在南北极，速度才会快一些。南极没有熊，只有北极才有，因此，掉进坑里的应该是北极熊。答案是白色的。"

推理正确，孩子赶紧写上，交给老师。

老师微笑着打了一个大大的叉。

老师说："这只熊实际上是灰色的。北极熊的坠落速度，达不到10米/秒。只有跟北极熊最接近的西伯利亚小熊，毛发稀疏，模样超丑，当它掉进坑，坠

---

① 奥数：全称为奥林匹克数学竞赛或数学奥林匹克竞赛。

落速度才有可能达到10米/秒。西伯利亚小熊是灰颜色的，所以题目的标准答案是：灰色。"

这道题，同学们几乎都错了，除了一个三天打鱼两天晒网的差生。差生成绩那么差，怎么偏偏做对这道题呢？原来，差生太差，只知道世上有黑熊，不知道熊还有其他颜色，所以拿笔就要填写黑色。但是他太差了，差到不会写"黑"字，就干脆填了个"灰"字，反正灰和黑差不多。

弄道奥数题出来，学神不会做，学霸回答错，反倒是差生"瞎猫碰上死耗子"——蒙对了。这叫什么事啊！所以公众表示不满：别再这么搞了，神经受不了。然而，神经受不了就对了！事实上，这道题才是最有价值的，它几乎是人生的缩影。特点是条件不充足下的人生决策。

你的人生，不是在给出全部资源与条件下才出发的，都是在条件与资源完全不具备的情况下吭哧瘪肚闭眼前行。

人生所有的重要决策，都是在条件不充分下进行的：

高考时，填哪所学校？什么志愿？完全是依据分数，往最体面的学校里凑，至于这所学校对于自己的人生到底有多大价值，你不知道。

恋爱时，找哪个女生？完全是看哪个女生距离自己较近，可能你人生中最佳的另一半，在地球另一面。一辈子都见不到，哪有挑选机会？

工作时，去哪家公司？做什么工作？哪家公司要你，就赶紧去瞧瞧，你又不是人民币，大家都抢着要！

条件资源不充足，你只需要一种能力——现实的适应力。

有位很有名的教授，开学第一课，会问学生这样一个问题："你们来大学里，想学到什么？"

同学们纷纷回答：学知识，学理论，学体系，掌握思想……诸如此类。

等学生们回答完，教授诡异地一笑，说："你们答得都对。所以当你们步入社会时，就会统统经历挫折！因为你们追求的是一个确定性、封闭性的答案，而现实却是条件不充分下的不确定性、开放性。你们到高校里，想找到一张人生地图，但人生没有地图，只有不同情况的临机选择。所以你们需要的是——指南针！只知道一个美好幸福的方向，但没有路径。正如鲁迅先生所言，其实地上本没有路，走的人多了，也便成了路。有些人，生活在固有的认知与环境之中，给他一张地图，知道该怎么走；可如果只给他一枚指南针，他就晕头转向，不知所措了。"

人生是个开放的系统，越是一味逃避，越是无处可逃。你必须学会在人群中保持自我，必须学会在杂乱纷繁的世间建立起自己不充足条件下的认知体系。

人的能力，大概是个常数。有多少固化的认知，就会失去多少适应能力。

我小时特别爱吃冰棍，甜丝丝、凉飕飕，是我心中最美的味道。爱流鼻涕的邻家小妹妹，老是尿床，她父母打骂她，她就伤心地大哭，听得我好心疼。

有天，父亲问我："孩子，你长大后，想要做什么？"

我响亮地回答："吃冰棍，娶隔壁的'鼻涕妹'。"

"你这理想也太差劲了，"父亲循循善诱，"孩子，你是男人，男人要闯天下，见世面，获得洞悉天地的大智慧。"

从此我发下宏愿：长大后闯天下，见世面，启智慧，吃冰棍，再娶隔壁的"鼻涕妹"。

在我这里，吃冰棍与娶隔壁的"鼻涕妹"，就是已经固化的认知。当这些固化的观念瓦解冰消，升级换代时，就意味着成长。

普通的教育者，关注教导固化的知识。狂背书，死做题，拿高分，不外乎这些。但高明的教育者，更多从不确定性入手，启发学生在条件不充分时的应对能力。

有位教授，特爱搞怪。他出考题，有20分是白给的，是最普通不过的常识；还有80分，答案完全不确定。比如，教授会问这样一道题：你是个警察，正在值夜班。可是报警电话被一个精神病患者打爆，这位患者非说他的窗外有一群外星人要钻进来揍他。你去现场看过了，发现患者住在19楼，窗外根本没有外星人。可患者投诉你不顾人民群众死活，不撵走外星人。问题是，患者占据这条线路死活不放，真正的危情电话进不来，会耽误大事的。你要如何劝解，才能让这个患者别再打电话了？

教授说："人长脑子，就是用来解决非常态事件的。如果你的大脑僵化度过高，遇到这类问题傻眼，在其他事件上，也肯定是磕磕绊绊，苦不堪言。"

普通人求知识，扩大认知确定面。真正的高手，只求一枚指南针，找准方向，而后培养自己在不充分条件下的决策能力。

人生充满了不确定性，往往是条件不足，始终是资源不够。所以很多人羡慕猪，羡慕宽裕人家养的猫和狗。

因为猪、猫、狗生活在一种确定性中——可是猪是以挨刀为代价，才换得暂时安逸；而宽裕人家的猫或狗，无力主宰自己的人生。

不想挨刀，就要能主宰自我。那我们就必须吹响号角，向不确定领域进军：首先要知道，已知并非全知；其次要知道，你知道得越多，固化的认知就越大，灵动的活性空间就越小。

当你自信满满，感觉能掌控一切之时，恰是最危险之时。当所有的条件充足，你基本上就死定了。因为现实是开放的，一定有更大范围的不充足与不确定为你所疏略。必须把我们的思考重点，转移到不充足与不确定方面上来，养成一种不把话说死、不把事做绝、可进可退、灵动自如的能力。这种能力是油滑的背离面，不是只保护自己，而是求更好的效果，让更多的人从中获益。这种能力距离智慧最近，它源自我们心中的自尊意识，源自我们对世相的深刻洞察，源自我们对自身智力资源的爱惜及充足、有效的开发。

打破固化思维，拓宽认知边界

01

美国有两位鸟类学家——乔治和莫莉，他们是夫妻。夫妻二人，都是默默无闻专注于研究的人。所有的文章著作，提到这类型的人，无一例外都是嘉许和赞赏。

但乔治和莫莉没这么幸运，就因为他们俩研究得太入迷、太专注、太专业，结果……激怒了美国的中坚阶层，差点儿没被骂死。

02

20世纪70年代，美国很保守。他们觉得，一切都是最好的安排。猪往前拱，鸡向后刨。男人戴帽，女生穿裙。万事万物都在既定不变的轨道上。

乔治和莫莉来到一座荒凉的岛上，开始研究海鸥。他们在研究中发现，有两只海鸥天天腻在一起：一起飞翔，一起觅食，一起孵蛋，一起喂养小海鸥……可这对海鸥夫妻却是同性！它们喂养的小海鸥，是拜托其他海鸥帮忙下蛋孵化的。好奇怪的自然现象……乔治和莫莉公布了他们的研究成果。

美国立时炸了——保守的美国人，无法接受。各种媒体、机构一拥而上，纷纷嘲笑乔治夫妻——要多无聊才会琢磨这不着边际的事儿？乔治和莫莉究竟是什么人？他们真的是科学家吗？科学家是搞研究的，怎么会搞这名堂？

乔治、莫莉被画进漫画，形象丑陋不堪。众议院召开专门会议，讨论削减科学研究经费。乔治和莫莉硬着头皮继续研究下去，并最终让他们的研究获得了全世界的承认。

03

科学研究，至少有一个目的众所公认：扩大人类的认知边界。道理都明白，但如果科学家的研究触碰到人类壁垒森严的认知边界，人们的第一反应往往是本能地对抗。

04

有位数学老师，讲过一个善于思考的学生的故事。当时老师在讲鸡兔同笼：

"同学们，鸡兔同笼，是中国古代著名的算术题：把鸡和兔子关在同一只笼子里，有30个头，88只脚。求鸡和兔子各有多少只？老师教你们一个绝妙法子，很快就可以计算出来。这样吧，你吹哨，你吹一声哨子，30只动物各抬起一只脚，此时笼中只剩58只脚。你再吹一声哨，笼中只剩28只脚——此时，所有的鸡全都一屁股坐地上了，每只兔子则是两脚着地——于是你知道，28除以2，兔子共有14只，而鸡呢，答案是30减14，是16只。所以笼子里共有14只兔子、16只鸡，同学们明白了没有？"

多数同学回答"学会了"，但勤于思考的同学却满脸悲愤，一声不吭。

老师只好叫勤于思考的同学："这位同学，你学会了没有？"

"没有！"勤于思考的同学很生气，"老师，我想问个明白，鸡是鸡，兔子是兔子，为什么要把鸡和兔子装进同一只笼子里，再费这么大劲来计算它？你这么折腾我们，到底想干什么？"

"你……我……呃……你说得好有道理，我竟无言以对。"

老师被问住了。

05

数学老师说把他问住的同学，不仅勤于思考，而且绝顶聪明。他把自己的聪明和思考，全都用在了守护认知边界上，用在了阻挠自己进步上，用在了拒绝让自己变得更优秀、更聪明上。

06

漫画家蔡志忠先生说，智商低，这事不能怪父母。每个人的智商都不是固化的，是我们自己从幼年时扩展认知边界，累积人生历程，而逐渐形成的。

20世纪70年代的美国，之所以拒不接受乔治和莫莉的研究，就是因为所谓的美国主流恰恰是认知最僵化、最顽固的。他们担心科学研究的发现，冲垮了自己固化的生活，所以才会本能地抵触。

数学课上，把老师质问得哑口无言的学生，实际上是在质问：你们为什么要弄出这种抽象的问题，来难为我？之所以绞尽脑汁挖空心思问住老师，只为守住自己固化的认知边界，不肯再学半点儿新东西。

07

认知一旦固化，智力就会停滞。纵然学富五车，也只会生搬硬套，照本宣科。

20世纪80年代，纽约的一家老牌饭店，想要安装电梯。老板花重金请来一大群专家，开会讨论，专家一致认为，安装电梯是个大工程，所以饭店必须停业一年。停业一年？老板感觉不对：我可是开饭店的，如果停业一年……

必须停业，这事没商量！专家斩钉截铁，一锤定音。可是老板说不出反对意见，但知道停业不是好事。只好暂时休会，让自己再想一想。

出了会议室，助理悄悄地在老板耳边说："老板，电梯是必须安装的。"

老板："废话！"

助理："电梯要安装，但饭店未必一定要歇业。"

老板："哦？"

助理："可以把电梯安装在大楼外边，再起个名字……嗯，就叫'观光电梯'好啦。"

老板："好，你现在是饭店的副总经理，全面负责观光电梯安装事宜。"

认知固化的人，总会把事情弄到非此即彼、非活即死的地步。只有放开认知，拓宽边界，才知道在两难之间，始终有着第三条路。

08

人生无贵贱，社会有阶层。每个人的社会位置，与他的认知是对应的。

拦江书院有位学士，事业颇具规模，但他有个潜在对手，在业内风生水起，算是领军人物。学士以他为假想敌，决心要超越对方。但几年下来，双方距离非但没有缩小，反而明显拉大。

学士心里不忿，恰好有几个相熟客户，要去对手处考察。他就冒充客户的跟班，给人家拎包，混入对手公司，一探究竟。

客户之中，有位老兄极肥胖，体形比两个人还壮硕。到了对手公司后，对手出来相迎。

学士看得分明，对手的眼神在胖客户身上稍有停留。

当时学士想，盯看体态异常人士是失礼行为。如此说来，这对手也不过如此，然而他的事业何以兴旺发达？

等进了会议室，学士惊呆了。

会议室里，环绕会议桌的是一圈椅子。跟任何一家公司的会议室没什么区别——但有一张椅子极大，恰好可容壮硕客户落座。学士明白了。对手之所以对壮硕客户多加注意，是要找把最适合他的椅子来。

似乎只是对手比较细心。但学士知道，这叫认知！

对手看到壮硕客户，就立即想到普通椅子落座不便，不动声色地安排妥当。其人大脑认知之宽，动转之快，难怪享有业界领军人物之誉。

09

人生最重要的事，莫过于拓宽认知边界。认知范围越宽，包容性就越强，越能体恤别人，思考就越迅捷。

认知固化之人，大脑犹如笔直的公路，只能一条道走到黑。一旦前路堵死，就走不过去了。

10

有一个小小的法门，可以测算你的认知边界。你最瞧不上眼、最不屑的人或事，往往就踩在你的认知边界上。最易于让你失态、陷入愤怒或是抓狂的人或事，也有可能就是你的边界。

正确的人，不会发火，也不会失态。你都正确了，还有必要发火吗？

别人的错误或是挑衅，也不会让我们愤怒。别人之错，由他自己担承，我们有什么理由失态发火？

只有当我们自己错了时，才会失态发火。

之所以愤怒，是因为外界出现了否定性信号，证明了我们认知的不足。而固化的认知又拒绝变通，由此而生出压力，让我们思维紊乱，失控、失态发作起来。

古人说："闲谈莫论人非，静坐常思己过。"常思己过，就是要知道认知的不足，不断扩大认知边界。你的认知越宽，格局越大，心神越通明，就越会一步步接近于智慧境界。

强者温静如水，弱者暴怒如虎。人之所以分成强弱，就是因为有人认知宽泛，知人性，通情理，总是保持平和的心态。而所谓的弱者，只是认知的固化度较高，拒绝接纳新生事物，拒绝改变。这种类型的人总是面对一个痛苦不堪的现实，现实要求他放开认知，而他自己却死活不肯，如此对抗带来心理压力，才会使其动辄抓狂，烦躁易怒。

强者是相对的，弱者是绝对的。人类与生俱来的软弱天性，让我们每个人都面临着扩展认知的终极使命。无论我们走出多远，始终走不出自己的心，始终走不出自我的旧认知。唯有终生学习，终生成长，终生不懈地追求高质量生命，才有可能让我们摆脱固执，脱离僵化，才有可能与生命深处最优秀的自己相逢。

不被人骗易，不被己骗难

01

在书上读到一句话：对成年人，尽量宽容些。为什么呢？——因为有些成年人，心智太稚嫩，脑子不成熟，做事不着调，说话不靠谱。

02

马未都，文化名人，擅长鉴宝，家藏古董无数。忽然有一天，来了几个半生不熟的朋友："小马哥，有黄花梨家具，要不要去看？"

"要看要看……"

走到门口，马未都忽然迟疑起来："东西在哪儿？远不远？"

"不远不远，一会儿就到。"

那就好，马未都欣然上车，"哐哐哐"出了城。向前开，向前开，开呀开呀开呀开，眨眼工夫车开了大半夜，马未都顶不住了："喂，我说兄弟，这都走了大半夜了，到底有多远？"

"不远不远，已经走了一半了。"

"一半……"马未都心里嘀咕，"合着这是开车都需要一整夜的路，还说不远……"

可已经走了一半了，放弃实属不智。硬着头皮，继续向前开。开呀开，开呀开，眼看着太阳似枚蛋黄，从地平线噗噜噜挤出来。天亮了。

马未都忍不住再问："兄弟，该到了吧？"

"这个……"对方拿起地图，左看右看，上看下看，突然间露出兴奋之色，扭头对马未都说："好消息，好消息，现在我们真的走了一半。"

马未都气得差点没昏过去。

这都是些什么人呀！出门时说一会儿就到，开车到大半夜，才说走了一半。开了一整夜的车，还是说走了一半路程。这些人说话太不靠谱了。

03

为什么有些人老大不小，说话却一点儿也不靠谱呢？原因有很多。比如，马未都这里碰到的几个朋友，想去外地看古董，自己眼力太差劲，就想拉上马未都，可距离太遥远，怕马未都不愿去，就谎称路程不远，目的只是让马未都与之随行。

太重视眼前小利，不考虑马未都的心理感受，所以他们必然会失去马未都的友谊。对于古董行业的人士来说，这才是不堪承受的巨大损失。

所有的不靠谱，都是目光短浅，考虑不足。

04

曾有对夫妻，丈夫姓华，妻子姓余，生了两个"傻"孩子。为启迪儿子们的智力，父亲每隔一段时间，都要给他们上点"心灵鸡汤"，励励志什么的。

二宝8岁那年，兄弟俩坐小板凳上，听父亲讲励志方面的小故事。

大宝、二宝问："爸爸，你是做什么工作的？"

父亲说："爸爸是外科手术医生，每天要割十多条阑尾哦。"

"阑尾是什么？"

"就是人身体里多余的组织，用处不大，但如果穿孔就会要人命。"

"爸爸，你好厉害！"

"爸爸只是个普通医务工作人员，因为割掉阑尾只是个小手术。以前，有个英国外科医生，来到一座荒凉的小岛。小岛上没有医院，可是忽然间医生的阑尾穿孔发炎了，如果不及时手术，就会死掉。于是医生躺下来，让人抬起一面大镜子，自己对着镜子，切开皮肤，分离脂肪，手伸进去，寻找盲肠。揪出盲肠，'咔嚓'一刀，割掉阑尾，炎症顿消。所以说呢，阑尾只是小手术，并无高精尖可言。爸爸的工作不值得炫耀，更应该低调。"

听到这个故事，大宝、二宝激动得全身颤抖："爸爸，你能不能也给自己做手术？"

"这个……那个……如果环境特殊，必须给自己做手术的话……是可以的。"

懂的懂的，大宝、二宝四目相对，心意相通：要创造机会，让爸爸给自己做手术。

05

两个月后的一天，华医生腹部剧痛——阑尾发炎了。急忙喊两个孩子："大宝、二宝，你们赶紧打120，叫救护车，叫医生来，爸爸病情危险，需要动手术。"

好的，两个孩子冲出家门，冲向医院。

先去手术室，大宝缠住女医生："医生姐姐，你好好漂亮哦。"

女医生笑得花枝乱颤："这不是华医生家两个缺心眼的儿子吗？谁说你们

蠢，听听，这小嘴多甜。"

女医生只顾开心，却不知道华家的小儿子趁机溜进手术室，偷出了一个手术包。

偷到手术包，两兄弟疾奔如电，"嗖嗖嗖"地跑回家，把妈妈的镜子拿到父亲床前。

把手术包打开，放在父亲手边，然后他们举起镜子，让父亲看着自己。

"爸爸，开始吧。"

父亲："……你们在干什么……救护车来了吗？"

"叫救护车干什么？爸爸，你给自己做手术，不是更好吗？"

"你们还能更蠢点儿吗？……"躺在床上的华医生，发出了绝望的哭声。

06

事情过去多年，华医生家的二宝，成了一名牙医。

但他不专心于掏人嘴巴，弃医从文。

他就是以母为姓，以父为名的作家余华，写过好多震撼人心的力作，如《活着》《许三观卖血记》等。余华说："我记忆最深的，是8岁时父亲的哭声。"当时余华的父亲一边哭，一边骂："你们这两个小崽子，白养你们这么大，赶紧把你妈找来！"

余华和哥哥被父亲的痛哭声吓坏了，急忙飞跑着去找妈妈。

妈妈回家，进门就听见丈夫一边哭，一边埋怨："生这俩东西，就像两条阑尾，关键时刻，一点儿也不管用。赶紧送我去医院！"

07

余华的父亲，给孩子讲英国医生给自己做手术的故事，目的只是想说，自己从事的是普通工作，没什么可炫耀之处。但他无论如何也想不到，被两个孩子当真了。

他并不想欺骗孩子，所以差点儿坑了自己。

这世上，还有多少这样的父亲？还有多少不靠谱的"心灵鸡汤"？

08

我们都听过有意识的谎言和无意识的谎言。有意识的谎言，是因为我们有着自由意志，只听从自我要求。所以，有些人希望我们奉行他们的意志行事，就必须曲解外部环境，比如，马未都那几位不靠谱的朋友。

无意识的谎言，往往是极端化常态事件，只为满足内心愿望。比如，作家余华在8岁时，听父亲讲的英国医生给自己做手术的故事。这种事也不是不可能，却是极端事件。因为极端，所以构成认知冲击，成为谈资。所以余家兄弟渴望父亲也成为给自己做手术的英雄，好让自己在小朋友们面前露脸炫耀。

有意识的谎言容易被识破，因为它让我们心里不爽。但无意识的谎言往往与我们的认知构成一体，成为我们内心深处的愿望，我们往往不愿意识破，甚至会对戳破之人，产生出深深的怨怼。

09

人的认知，包括两部分：一部分是由隐秘的愿望或固化的观念所激发出的情绪，另一部分是对客观环境的理性判断。

辨识愿望、情绪、观点与理性，就是我们通常所说的智商。8岁时的余华，还不具备健全的辨识能力，把父亲讲述的极端故事当常态，想让父亲给自己做手术，差点儿坑死亲爹。这事儿正常。但人长大了，就需要走出无辨识力状态，明白愿望是愿望，现实是现实。

走不出来的人，就如8岁时的余华那样，看着暴怒的父亲，心里好委屈。给自己做手术，这话明明是你说的嘛，我全都是照你说的做，有什么错？

10

人之一生，无非是辨识真伪。观察别人心里的愿望与情绪，避免上当受骗，更要观察自己心里的愿望，避免自欺欺人。

人骗我一时，我骗我一世。

秦朝末年，秦二世登基。他讨厌坏消息，只想听到好消息。于是大家只拣好听的说，可没多久乱兵就杀入宫来。当时秦二世愤怒地责怪身边的太监："怪你们，都怪你们，不把真实消息告诉我，现在惨了吧。"

太监回骂："怪我吗？我就是因为不敢说真话，才活到今天的。告诉你真实情况的人，都被你杀掉了。你蠢成什么模样，自己不知道吗？"

世上有些人，没有秦二世的命，却得了秦二世的病，听不得刺耳的忠言。之所以忠言逆耳，逆就逆在人性，逆在我们太爱护自己内心的小情绪，不惜扭曲现实，也不愿正视现实。

不被人骗易，不被己骗难。之所以难，那是因内心深处的渴望构成了一个死循环，让我们越陷越深。比如说，我们渴望买彩票中大奖，脑子里就会产生出许多想象。又好比你渴望某个明星，哭着喊着要嫁给他或娶她，都会让你耗费心思。圣哲孔子应付这事儿最有经验。他说，与其胡思乱想一整天，各种美女各种帅哥，不如静下心来读会儿书。你我的生命，不会出现空白，不是让幻想所填充，就是让读书实践所填充。读书、旅行、交友、实践，见识日增，越容易辨识幻想与现实，越不会被自我和他人的各种谎言所欺骗。

不懂道理，学一堆知识有什么用

01

朋友圈里转过来一篇我超喜欢的文章《没有知识，学一堆道理有什么用》，作者是我喜欢的灵魂写手。文章扎实透彻，说得明明白白。

有价值的文章，尽显作者思想光华，会有"读你千遍也不厌"的快意。而要想吃透文章的精髓，最好的方法莫过于在身边找两个现实的案例演绎一下。这样，文章的精华你获得了，作者的思想也会融入你血液里，落实在行动中。

02

《没有知识，学一堆道理有什么用》，开篇先从神雕大侠杨过说起。

杨大哥小时就学于重阳宫大学，导师偏心眼，故意不教他打架知识，只讲道理。杨过学了一肚皮道理，知识零储备。出门动手，被人打成狗。幸亏杨大哥运气好，遇到干爹欧阳锋，学了一手蛤蟆功，这才勉强在武侠职场站住脚。

杨过的血泪经历告诉我们：无论知识还是道理，都是用人生来实践的。到底灵不灵，实战说了算。总之这个故事好，一下子就把作者要说的话说清楚了。

03

从重阳宫大学回到现实，我们发现事情有点儿棘手。棘手在要寻找现实例证，须得先弄清楚什么叫知识，什么叫道理。

易中天老师曾讲过一个故事：有一个出租车司机，懂好多他不懂的知识。司机知道一个歌星的三围尺码和星座，知道歌星的眉长毛短，知道歌星的生辰八字，还知道歌星的家长里短，但这些东西能算知识吗？

易中天老师认为，这都是无用的知识，你又不是歌星的老婆，用得着知道他们的三围尺码、星座和生辰八字吗？学了这么多无效知识，花费时间精力，占据了你的认知，拖累了大脑空间，却又无法在现实生活中应用，纯粹是浪费生命。

知识这个词，看似简单，却是哲学上的高危命题。不知有多少认知大师，活生生被这个词搞得近乎疯狂。知识分有效知识和惰性知识，分简单知识和复杂知识，分共有知识和独享知识，分具体知识和抽象知识，分显性知识和隐性知识，知识甚至还有隐性维度。

——如此复杂，却又易于为所有人所理解。

知识，不过就是知其然，识其理！

04

什么叫知其然，识其理？

比如说，1705年，英国皇家学会有个50岁的记录员，忽有一天他冲出狭小阴暗的书斋，向世界宣布：再过50余年，也就是1758年的年底，将有一枚彗星，重返世人视线。

此言一出，伦敦大街满满都是笑掉的牙齿。这位大哥，你又不是天文学家，就是个落魄潦倒的失败者。一生不得志，不是你的错，但你要不要顾及一点儿自己的脸皮呀？你都50岁了，竟敢预言50余年后的事儿，不就是料定到时候预言不准，大家找不到你算账吗？

没人愿意相信他。然而，1758年的圣诞之夜，德国一位农夫在德雷登自家的屋顶上，目睹了这枚早在50余年前就预言过的彗星划破星空。

那一夜，所有的天文学家都失语了。

这枚彗星，男人看了会沉默，女人看了会流泪。枉无数专业学者手不释卷，苦学多年，却在一个默默无闻的记录员面前，感受到了自己的渺小与卑微。

这些专业学者以为自己在读书，以为自己在学知识，其实他们不过是阅读文字，不过是人云之我亦云之，不过是"鹦鹉学舌"。而那位久已作古的记录员哈雷，他才是真正拥有知识的人！

记录员哈雷知其然，识其理，他知道真正的知识来自无数个日夜的苦思与研究。他看到了别人看不到的东西，说出了别人无法说出的道理。

这就是最著名的哈雷彗星，及其发现者哈雷的故事。

不懂道理，学一堆知识又有什么用？

05

子曰："学而时习之，不亦乐乎？"

真正的知识，绝非是对书本的机械重复，而是在实践中创造性的应用。

06

博士，应该算是这个时代最有知识的人，没有厚积薄发的积蕴，没有深厚到常人无法想象的累积，就不会有博士的光环与荣誉。所以当博士稍微有点儿举动，都会引发世人的密切关注。

07

据一则新闻报道，在某国际机场，一位名校的女博士姗姗来迟，柜台已停止办理值机手续。工作人员建议她改签或退票，并积极帮她联系航空公司协调。但女博士痛斥工作人员："我就迟到5分钟，怎么啦？"

而实际上，她迟到了14分钟。但女博士吵闹不休，突然之间她冲进值机柜台，"啪啪"，连续掌掴工作人员两巴掌。

女博士怒了。读书破万卷，下手足够狠。这清脆的巴掌声，至今仍在天地之间回荡。

打的是知识的脸，现的是道理的眼。纵然你满腹珠玑，学富五车，却不懂得最基本的道理，你那满肚皮的知识有什么用？

08

女博士打了人，因此被国际航班统统拉黑，遭全球范围内拒绝承运，甚至会被国内航班拉黑。这位女博士，有可能此生无缘乘坐飞机了。但你不能因此否认，说人家没有知识。她不缺知识，只缺几个最基本的道理。她竟然不懂得做人要守时。国际航班又不是你的私家车，不可能因为你是博士就网开一面。

每个迟到者，都有自己的无奈因由。但这个因由必须由你来买单，你不能将自己迟到的成本，强加于别人！

任何时候也不可因为自己的错误，而对别人暴力攻击。

以上三者，都是道理——而且是幼稚园小朋友都明白的道理，偏偏一个大博士不明白。

或许她很委屈，飞机明明就在地上，干吗不让人家上？虽然她只迟到14分钟，但值机口已经关闭，如果因为她的理由再打开，就意味着整个系统重新开始，行李再托，安检重来，调度摆渡车，客舱单重做，登机口重新记录——这意味着几个小时的工作量，所有已经登机的乘客，都要因为她一个人，重复折腾一大圈。她不知道，她的要求意味着多少人的大麻烦！

09

孔子的学生子夏曾经说过，与朋友交往，要言而有信。说几点到就几点到，不因为自己迟到了就大吵大闹；更不会因为自己的错误，打别人的耳光。这样的人，纵然不是博士，但也比因自己迟到而打人的博士更有学问，因为他懂得最基本的为人处世的道理。

不懂道理，学一堆知识有什么用？

说到只有知识，却不会应用的事儿，让我想起《天龙八部》里有个女博士王语嫣。她虽然胳膊细力气弱，袅袅婷婷，弱不禁风，却熟知各家武学秘法，只要对方摆出姿势，就能够一语道破。

书本中的王语嫣告诉我们，只有知识，不懂道理，更不懂应用，一样可以混——可这是真的吗？

世界上出拳最快的人，叫伊恩·百思普。他一秒钟可以击出13拳，拳拳致命。武打巨星李小龙，比他稍逊一点点，一秒钟可击出9拳，拳拳要你好看——假若我们真的处身于武侠世界，你偕美女王语嫣笑傲江湖，恰好遇到伊恩，双方过招。再假设王语嫣的说话速度，比正常人快两倍。伊恩身形一动，王语嫣立即告诉你，此乃伊家七伤拳，可用博士掌打其脸！说这句话用时3秒，你已经死了39次。

还是遇到李小龙更幸运，这边李小龙身形未动，王语嫣已经语速飞快地告诉你，此乃龙兄顶肺拳，须以佛山无影腿破之。此言话落，你才刚刚死了27次。你喜欢让自己死上几次？

不懂知识，可以慢慢学。但不懂道理，分分钟死定。

10

知识与道理，一个也不能少！王阳明先生说："知者行之始，行者知之成。"

小时候，我们学习基本道理，不迟到，不吵闹。稍大一点儿，我们要学习知识，目的是知道更深刻的道理。比如说，机场要求乘客提前到达，不是机场喜欢你，想要在人群中多看你一眼，而是航运是个复杂的系统，不能有丝毫马虎懈怠。懂得这些道理之后，我们还要学更多的知识，掌握更具实用价值的道理。比如说，航班无故晚点，要心平气和地跟值机服务人员讲清楚道理，请她们微笑着把该赔付的损失交到咱们手上。不懂这个道理，就会吵闹起来，明明是航班延误，自家占理，却被警察叔叔请到派出所里讨论人生，眼看航班飞走而无可奈何，你说这多伤人感情？

道理是知识的总结，知识是道理的原理。听闻道理，需要认真思考道理运行的知识机理，而后才能欣然行动。学习知识，总结知识的应用法则，才能知人所不能知，察人所不能察，才会成为明理并奉行实践的明白人。不要把知识与道理对立起来。

现在这个时代，知识存量最少的人，大概也堪与古时的举人拼一拼。但说到对道理的领悟，这却是独有的，无法共享的。许多道理，只因为文字简单，不像高等数学那样充满了奇怪晦涩的符号，有人就以为道理自己懂了——但在你奉道理而行之前，真的不能说懂。不懂道理，你所掌握的知识，更是知其然，不知其所以然。纸面上的东西，不过是文字符号而已。只有当这些东西构成你思维的一部分，才算是真正的掌握。就如同吃下去的食物，要经过肠胃蠕动，彻底消化吸收，才能得其营养。饥肠辘辘的人，不会看一眼食物就说自己饱了。知识存量不足的人，更不应该听一句道理就说自己懂了。不知自己的不懂，总会在某些时候突然失控，露出本来面目。只有知道自己的不懂，承认自己的不懂，才能够做到低调谦和，温静守拙；才能够把心中的知识系统性地应用起来；才能够让自己的人生避过情绪化的陷阱，始终笑口常开，安稳静好。

人和人的差距，就看这一点

01

有个令人不安的消息，北京市发布《就业蓝皮书：2018年中国大学生就业报告》。报告列出了失业率最高、就业率最低、薪资最少、满意度最差的红牌专业。

本科专业包括历史学、音乐表演、绘画、化学、法学、美术学。其中，音乐表演和美术学连续三届夺冠，年年都是红牌专业，年年都找不到工作。

再看历年数据，还有个动画专业。这个专业好，从2010年到2014年，连续五年雄踞失业榜首。

想到好多孩子，寒窗十六载，好不容易学成归来，信心满满进入社会，却连个饭碗也找不到，我的心里就有种说不出的遗憾。

怎能让人不觉得遗憾呢？读了这么多年的书，却没学会觅食。孩子呀，咱们的人生，明显是出了问题！

02

昨天看到一篇文章，讲述了写手与自己的表弟通电话的经过。表弟正读大学，抱怨说："现在学校里的风气忒差了，寝室里的室友都在玩游戏，没有人读书。"

写手提醒表弟："甭管人家，管好自己咱们就赚大了。别人玩他们的游戏，你可以读书啊。"

表弟抗议："寝室里那么乱，那么嘈杂，怎么可能读得进去？"

写手建议："那咱就去图书馆读。"

表弟大怒："去图书馆，路上要花费时间的！"

"路上花费时间……"写手的心当时是崩溃的，"拜托，表弟，连这借口你都说得出口，你说你有多不想读书？"

这位表弟为什么不喜欢读书呢？不过就是没有人生目标而已！

03

有些家长，错把大学当技校。有些孩子也接受了这个设定，拼个高考，读个大学，就是为了找个工作，但上大学真的不是只为了混口饭吃！

如果只想混口饭吃，不读书也是可以的，清洗马桶拖个地，替人端水看个门，不需要任何技术含量，谁都可以干。也正因为门槛太低，所以收入断不可能高了，而且淘汰率高。之所以读职高技校，就是为学点儿实用技术，增加自身竞争能力。

有些人平和心不足，歧视蓝领。你可以做自己喜欢的，但不能歧视别人。歧视心态，会影响到孩子，让孩子无端生出高下之心，一味与别人比较，却不明白自己想要什么。

大学，是梦想的孵化器。有梦的孩子在大学里会设定自己的人生方向，选择专业与导师，为自己的梦想而奋发努力。

只知和别人比较的孩子，连人生目标都没有。此前的中学一元定性，只拼分数倒也罢了。等他们进入高等学府，大学的多元特质，让这些孩子如"肥猪进了老虎洞"那般，内心凄惶无助。看前面一片混乱，看后面混乱一片。想比不知和谁比，想拼不知和谁拼，真的好茫然啊。

04

人生最重要的，是方向！第一是方向，第二是方法，第三是努力。

05

失去方向，努力就失去意义。烈日之下，女人在疾奔，男人在狂奔，形形色色的人都在飞奔。如果你突然拦住他们，问一声："你们这样忙碌是为什么？"

所有人都会立即告诉你："我们在努力，努力努力再努力。"

"可你们为什么这样努力？"

"努力赚钱养家，给孩子一个美好未来。"

"然后呢？"

"然后孩子就可以读个好大学，念一个好专业。"

"可如果孩子失业了呢？"

"那他们就跟我们一样，在烈日下疾奔，在冰寒下狂奔，为了衣食而飞奔……"

你看看，这些人忙了一圈，又绕回来了。

没有目标的人，如无头苍蝇乱飞乱撞。他们毫无意义地忙碌了一生，又把这种观念，耳濡目染地传递给了孩子。一代又一代人的重复循环，始终停留在原点。

06

漫画家蔡志忠说，厉害的人都会把事情想明白，这辈子要靠什么活？他在

15岁时，立志要成为一个漫画家，就去对妈妈说："妈妈，我要去台北，做个漫画家，永远也不回来了。"

妈妈说："好，那你去跟爸爸说一声。"

于是蔡志忠去找爸爸，爸爸正在饭后看报，蔡志忠说："爸，明天我要去台北。"

父亲："去干吗？"

蔡志忠："画漫画。"

父亲："找到工作了吗？"

蔡志忠："找到了。"

父亲："那就去吧。"

蔡志忠回忆：我们一共说了27个字，我说了14个，他说了13个。然后蔡志忠就真翘家了。

这让人严重怀疑，蔡志忠到底是不是亲生的？

是不是亲生的并不重要，但蔡志忠明确了自己的人生方向，从此成为一个严重的漫画中毒者。他画起漫画来昏天黑地，电烤炉把他的脚烤焦了，他竟浑然无觉。曾经58个小时坐在座位上一动不动，还曾42天没有走出家门。门外的喧哗吵闹，丝毫也进不了他的耳朵。

因为喜欢，所以专注。

07

蔡志忠说："我很早就体悟到，打开门，走出去，是知道自己要去哪里的。你们昨天打开门，知道要来径山。我们开车上高速公路，是知道自己要去的目的地。而人生这么大的旅程，99%的人却不知道他们的目的地是什么。厉害的人很早就非常确定他们的目的地，然后一心朝向那个地方走。"

诚如他所说，选择了方向，付出了努力，同时还需要方法。他要用漫画来阐释人生，阐释智慧，就必须时时刻刻充电。要想给别人一杯水，自己至少有一桶水，或者准备一口水井。

除了画漫画，蔡志忠一生不断地匆忙旅行。他把旅行时间视为难得的学习机会，旅行途中读了600本书，还写了12本书。

他曾经花了10年又40天的时间，专心研究天体物理学。他研究佛学，花几年时间整理出了24本书，每本书都有百科全书那么厚。

为了让自己的作品更有思想、更有哲理，他读了两万余本书。这些书，哪一本学校里都不会考，但对人生至关重要。

功夫在画外。

准备工作做得扎实，工作起来效率就高到吓人。他绘画的速度，直逼正常人类翻看漫画的速度。他能够用7天时间画完4本，500多页。从事漫画创作以来，他已经出版了300多本漫画书，大概是地球上出版漫画最多的人。但他一点儿也不开心，因为有个叫几米的家伙，才画10年就出版了90多本。此时几米正从后面迅速追赶而来，大有追上蔡志忠，把他打翻在地的架势。

人生无止境，事业无止境。蔡志忠信誓旦旦地说，要画到生命终结的最后一刻。

08

读书不是为了拿文凭，是为了学习，为了成就自己的事业！走自己的路，实现自己的梦想。其他一切，都是没有意义的。

终生奉行事业的人是快乐的。但对于我们而言，自小就被老师和父母灌输了专属于他们的思想，这些思想并不是坏东西，但它不属于我们自己。要如何做，才能找回自己，找到自己的人生目标呢？

漫画家几米，初时只是个写字楼里的西装男，朝九晚五的那一种。只因为身患绝症，他才幡然醒悟，放弃原先的工作，转型成为职业漫画家。

那我们就用几米的法子好了。

09

几米的人生目标厘定法，现在开始：

第一步，拿张纸，拿支笔。

第二步，坐下，在纸上写下自己的名字。

第三步，跳出自己，用第三人的视角，审视自己的名字，研究自己。

第四步，写下纸面上的你一生最渴望的十个梦想……你会发现，这个工作根本不是很快就能完成的，但你必须完成，否则的话，就会一生迷茫，眼神空洞地游荡在这个世界上，一生忙碌，一世操劳，临老却追悔莫及。

第五步，把你写下来的十个梦想，一次去掉一个。这个工作，开始时极容易，但等到只剩最后三个时，你会欲疯欲狂。因为这些梦想你一个也舍不得，但你必须割舍。否则的话，这诸多欲念就会在你脑子里打架，让你心里天人交战，头脑浑浑噩噩，遇事举棋不定，寸步难行。

总之吧，如果你能够完成这项工作，再瞧瞧最后剩下来的那个梦想，或许就是你人生的目标了。

有了目标，你就会从迷茫者变成行动派！

接下来就简单了，看这个目标，预计行进多少年，10年？30年？人生目标不是买彩票，都有个漫长而充满激情的周期，而且你会发现，目标本身并没什么意义。有意义的，是在向目标前进的过程中所积累的人生智慧。

所有人的目标，不过是三个阶段：学习准备期，艰难成长期，开花结果期。准备期你要想好求教多少人，学习多少技能，读哪些方面的书。成长期就要如蔡志忠那样，凝神专注，要做到电烤炉把脚烤焦而浑然无觉。当你找到自己的人生目标，就会发现，烤焦自己的脚真的不难。

10

人和人的差距，不在于努力程度，而在于目标是否明晰。

我们每个人，智力、能力甚至人品，都相差无几。但有目标的人，会向着自己的方向坚定前进，任凭风吹雨打，矢志不改的是终极志向。没有目标的人，往往更加努力，只不过他们的努力，会因为方向的迷失而失去作用。

没有目标的人，始终在一个水平面上徘徊，因为他们无法完成人生积累；有明确目标的人，会在事业方向上不断地优化自己。正如蔡志忠，他读过那么多的书，走过那么多的路，即使他不从事漫画行业，也会在别的方面厚积而薄发。

人生的命运，不过是一个循环。跳出命运，才是命运赋予我们的全部意义。

唯有目标的感召，会让我们在困顿中崛起；唯有目标的力量，能让我们突破命运的局限，跃升至一个全新的智慧生存空间。

人生而自由，却无时不在命运的枷锁之中。打碎枷锁，夺回我们的自由，这是每个人与生俱来的使命。这个枷锁，不过是我们成长的安全生态圈。我们就如一头小牛犊，牛爸牛妈害怕我们跑远，被狼叼走，就用绳子把我们拴在原地。而今我们已经长成了大牛，绳索早已解开，无助的惯性却让我们仍然在原地转圈。只有勇气才能帮得上我们，让自由成为我们的信仰，让智慧指引我们的方向，突破内心虚构的障碍。你能！你行！你可以！向着你生命的辉煌，行动起来吧，就是现在！

愿你自己成为太阳，无须凭借谁的光

01

五百多年前，王阳明先生说："人皆可以为尧舜。"意思是说，每一个人，无论高矮胖瘦，都有着超凡的秉质，都有可能成就伟大的事业。

话是这么说，理儿是这个理儿，但现实中，我们时时刻刻所感受到的，却是最真切的无能为力。真的想努力成就自己，可到头来，"欲渡黄河冰塞川，将登太行雪满山"。分明是环境比人强。

所有的努力，终被外界环境所消减。能够维持现状，已经算是不错了。是王阳明先生信口胡言，还是我们的人生方法论上，出了什么问题？

想要知道答案，先听一个故事。

有个烈日炎炎的小镇，半死不活，萎靡不振，街道上空无一人。所有的居民都躲在家里，长吁短叹。他们都欠了别人的钱，却没办法偿还。忽然有一天，来了一个游客。游客走进旅馆，"啪"的一声，把一千元拍在柜台上："老板，哥是有钱人，来这里看看你们穷成什么模样，也好开心开心。这一千元，是预付的房费，等我上楼瞧瞧，找一间舒适房间。"

游客上楼了，旅馆老板抓起这一千元，飞奔出来，跑到隔壁王屠户家，嚷道："隔壁老王，这是我欠你的——"

屠户拿到钱，立即冲出门，跑到猪农家里："猪头，这是我欠你的一千元，以后少给老子甩脸子看！"

猪农拿到钱，立即奔赴饲料商家："嘿，不就是欠了你一千元的饲料钱吗，现在还你，以后记得进点儿好饲料，我家猪娃饿惨了。"

饲料商拿到钱，立即去找批发商："这是欠你的货款，一次性还清。下次进货能不能便宜点？"

批发商拿到钱，溜达回旅馆："老板在吗？上次住你这儿，好像欠了一千元房费吧？现在给你还上。"

旅馆老板拿起钱来："咦，这钱好眼熟啊，好像刚才见到过……"忽听到客人下楼的脚步声，急忙把钱摆在柜台上，以免客人起疑。

客人下楼来："哎呀，你这家旅馆太差劲了，根本找不到能住人的房间。算了，我不在你这里住了，把钱退给我！"

客人揣起钱走了。这一天，没什么大事发生，没人生产出什么东西，也没人得到什么东西，可小镇所有的居民全都露出了笑脸，恢复了生活的信心。

因为压在心头的债务，已经还清了。

上面这个故事，是个经济学模型。

"问渠那得清如许？为有源头活水来。"这个故事讲的是流水不腐，户枢不蠹。金钱与财富的流动，会不断地重新配置社会资源，创造出价值。

但这只是模型，而现实却复杂得多。

其一，现实中人们的债务不会如故事中这般。三角债或多方债务确属常见，但不可能每个人都欠别人同一个数目。有人会欠多些，有人会欠少些，还有人成为大债主。

其二，现实中的人不会那么乖。假若现实中真有这么一个小镇，旅馆老板未必就一定要拿钱还隔壁老王。就算老板这样做，隔壁老王也许不会立即偿还猪农。现实中总会有些怪人，拿到钱后不急于偿还债主，而是先享受人生，这条经济循环线在他这里被生生掐断，故事就讲不下去了。

人家王阳明先生明明说过了，每个人都能成就伟大事业，为什么偏偏这句话到咱们这里就不灵光了？就因为我们把自己的事业循环线给掐断了。

02

人类大脑是天然短线的。比如小孩子，看到好吃的就奔过去，这就是短线思维。但人生事业，却是漫长而不确定的。

比如说，有个客栈老板，捡到了客人丢的钱包，费尽周折找到失主，失主非但不领情，不感谢，反而怀疑老板是不是偷了自己的钱。老板好郁闷，痛诉好人没好报！但此事传开，客人纷至沓来。原因是出门在外，谁都可能丢三落四，入住这里就是看中了老板的人品。万一自己的钱包丢了，还指望老板帮自己找回来。

这就叫不确定性。短线思维的人，思维是确定性的，他们宁肯坐视机会流逝，也不做没有把握的事儿。

03

我们每个人，一生下来就活动在一个确定性的经济循环圈内。婴幼儿时，父母无条件地爱我们，照料我们，把屎把尿，辛辛苦苦地把我们拉扯大。

父母负责辛苦，婴幼儿的我们负责卖萌。只要我们咯咯一乐，父母立即眉开眼笑，抱着我们不停地亲吻，喂奶，给予我们充足的爱。

婴幼儿时代，我们与父母的互动是确定的，是即时回报式的。确定性的即时回报，形成了我们根深蒂固的短线思维。

04

当我们稍长，仍然在装天真可爱，但回报周期突然间变得漫长起来，而且变得不确定了。比如说，读书学习，这个回报短则十几年，更有价值的回报要在几十年后。还有些可怜的兄弟，读了一大圈，硬是没什么回报。规则变了，却没人跟我们说一声。许多人顿时变得不适应起来。

05

40年前，一个4岁的小女孩卡萝琳和一群同龄小朋友，被带到斯坦福大学的一间心理实验室。工作人员让小朋友们坐下，端上来一盘美味的棉花糖。顿时，小朋友们个个口水四溢，急切地想吃。

但是工作人员说："小朋友们，我知道你们特想吃到棉花糖，但今天的棉花糖有两种吃法：一种是现在就吃，但只能吃到一颗；另一种吃法是等一等，等到我们规定的时间，就可以吃到两颗棉花糖啦。你们想要哪一种？"

多数小朋友和卡萝琳一样选择了等一等，要吃两颗棉花糖。但等待的过程太痛苦，让小朋友们抓耳挠腮，坐立不安。最终这些小朋友放弃了，选择立即吃到棉花糖，哪怕只有一颗也好。

只有卡萝琳不为所动，她抵御住了诱惑，最终吃到两颗棉花糖。

40年后，卡萝琳在斯坦福大学毕业，又获得普林斯顿社会心理学博士学位。返回头来追踪当年参加实验的小伙伴，结果发现，当年最缺乏耐心的小朋友，此后在学业与事业中面临着巨大的障碍。他们是学校的差生、事业失败者，甚至连婚姻都充满了冲突与危机。他们仍然是即时回报者，无法理解周期漫长的事物。然而人生、事业，偏偏是长线的怪东西。

06

为什么人生、事业，回报周期会很漫长呢？因为不确定性。在父母面前，只要装一下乖巧，就立即获得回报。那是因为父母在我们身上倾注了太多的爱，确定我们是值得爱的，始终无条件信任我们。

然而，如果我们在大街上向行人装可爱，多半会立时被扭送到精神病院。因为别人不了解我们，也没兴趣了解，我们需要花费很长时间的精力与付出，建立起确定性，才能赢得他人的信任。

07

回到文章开头的故事。

如果把那个死气沉沉的小镇看成一个国家，我们看到的就是媒体上最常说的中等收入陷阱。就是国家好端端地发展着，却不知为何活力越来越弱，流通性越来越差。最后，累积了无数的资源，却沦为半死不活的穷国。

如果把那个死气沉沉的小镇看成一个人，我们看到的就是自己。我们所学所知，超过古时最有智慧的人，却原因不明地被一种无力感所控制。有心做事，首先想到的是障碍；想行动，首先想到的是风险。最终长叹一声，一切维持原状。我们陷入了自己的发展陷阱！

只是因为我们的心智模式，仍然是短线即时回报式的。而现实的不确定性，让我们的短线思维无法行动。

必须把自己的心智调整为长线模式，以适应不确定的世界，建立起一个良性的经济循环圈。

08

你不懂我，我不怪你，但我不开心。我们渴望别人的信任，并对别人的不信任表示出十二万分的愤怒，可是我们信任别人吗？

我们看别人，短者要三五个月，略长点儿要三五年，甚至会用一辈子看一个人是否真心。

我们知道别人是不确定的，以长线思维、慢回报的方式看别人，却不接受自己的不确定，要求别人以短线思维、快回报的方式对待我们。我们是不是太难为这个世界了呢？

"人皆可以为尧舜"，我们却做不到。那是因为我们的心，如一座死气沉沉的小镇，虽有无数优势资源，却尽皆沦为闲置资产。任凭负面的思绪掠过，就会沦为一座死镇。期待激情与动感到来，纵不留痕，但会激活我们全新的生命。

君子务本，本立而道生。人生事业循环圈的建立，犹如一株参天之树，必须从现在开始，先挖坑，培土，埋下志向的种子。而后不断地学习，做事，这只是一个浇水的过程，优秀的你正如树苗一样慢慢萌芽、生长，而不会获得任何回报。再之后，你的事业之树慢慢长高，高出那些急功近利的小草，这时候才会有人注意到你，感觉你这孩子还行——但也只是还行而已，因为你的事业仍未成熟。

此后你的事业继续前进，渐至开花季节。你的事业已经有了眉目，人们对你的观感，渐由不屑转向赞赏——但仍然不会把钱给你！等到你花季繁盛，飘叶结果之时，你就成熟了。此时，你能够向这个世界呈献专属于你的创造，你需要世界，而世界更需要你。这时候你漫长的付出，终于获得源源不断的回报。总有一天你会发现，之所以行动能力不足，那是因为我们短线式、快回报、确定性的幼年心智，与成人世界的长线式、慢回报、不确定性的法则不合节拍。

聪明的人会应时而变，智慧的人会调整内心，唯愿你成为光华四射的太阳，无须凭借谁的光，温暖你所爱的世界。此时方知，先贤圣哲之语，尽是参透了人性的金玉良言。

纠结的不是事儿，而是人

01

顾城先生曾有诗言：一个彻底诚实的人，是从不面对选择的。那条路永远会清楚无二地呈现在你面前，这和你的憧憬无关。就像你是一棵苹果树，你憧憬结橘子，但是你还是诚实地结出苹果一样。

顾城先生的言下之意是什么呢？——诚实面对你自己，人生从未有过什么选项，只有取舍！

最近看了三个视频，内容不一，但都出现了同样的风格。

02

第一个，一位建筑业的企业家到高校讲座，眉飞色舞地演讲了一番，到了互动环节。

一个女生站起来提问："您好，我是大三学生，马上面临就业。尽管我有过许多实习经验，也经常组织各种社会活动，但眼下就业形势严峻，感觉还是没有把握。您是业内高端人士，请指点一下，面临毕业选择的我们，到底该怎么办？"

这个企业家有些激动，开始抒情："啊，诗和远方，那什么，苟且不好。你懂的。来路或许不易，命运或许不公，人生或许悲苦，但是请你相信，相信那什么……听明白了没有？"

提问女生郁闷地坐下，脸上的表情清楚地呈现出一行大字：道理我都懂，可是拜托，请你给指条明路啊！

03

第二个视频，是个情感讲座。情感专家阐述了女性的爱与独立等诸多主题，一位女士站起来提问："您好，我是您的忠实观众，读您的文章好多年了。知道您要办讲座，还是在离我很近的城市里，为此我公司停业一天，专程赶过来向您请教。情况是这样子的，我是个追求完美的人，我男友也是。我们两个人相爱好多年了，彼此都认为对方是自己人生的唯一，除了偶尔小吵小闹，始终是风平浪静。不过他的事业屡屡碰壁，这几年都宅在家里，我也尽量安慰他。可是最近我发现，他趁我忙公司的时候，在网上与别的女人打情骂俏，我想问问您此事应该如何处理？"

"如何处理……"专家眼睛亮了，"这个问题很普遍啊，啊，很普遍，你先要弄清楚问题的根本，对吧？既然你珍惜这段情感，那么就应该，对吧？溺宠是不行的，对吧？但如果态度过于决绝，又会把他推到对手的怀里，这也不是你期望的，对吧？所以呢……对吧？"

专家讲完了，女士满心疑惑地坐下。经过专家问诊，她彻底糊涂了。

04

第三个视频，一个读书会请来了文化名人，带领大家朗读。

然后是读者提问。一个年轻读者站起来问："先生您好，我读过您写的几本书，非常好，您是真正理解我们这代人的。您知道，现在市面上的书这么多，良莠不齐，泥沙俱下，鱼龙混杂，我们的阅读该从何处入手呢？请您推荐几本入门的书。"

"入门……"文化名人乐了，"读书如读人，每个人都是独特的，每本书也自有玄妙。哪怕是最差劲的书，那也是作者绞尽脑汁搜肠刮肚憋出来的。泛读一本书，不过两三个小时，你在那么短的时间里，占有了作者苦熬了一辈子的思想，这便宜你占大了。我想说的是，这样的便宜，我还想占更多。"

年轻人听得头大，无语坐下。

05

这几个视频，提问者都是有教养的人。他们问的，都是自己人生极为关键的大问题——但没有得到答案。而且他们没有因此"削"企业家、揍专家，或是扒了文化名人的皮……真的好善良，让人感动。

但有的提问者就不那么客气了。大概是两年前，在一位人生导师的专场上，导师以散文诗朗诵的形式，回答了一个女孩的具体人生问题后，女孩当场就炸了，抓住话筒大喊："你假装理解我们这代人的苦闷，其实是站着说话不腰疼！你给我们熬了这么一大锅'鸡汤'，却一点儿实际问题不解决。你自己说，你相信你说的吗？你说，你到底信不信？"

"这个……"专家低下头，不敢直视女孩愤怒的眼睛，咕哝道，"不管你信不信，反正我是信了。"

问题来了，为什么那么多的专家、导师、名人和企业家，遇到提问者的实际问题时，全都支支吾吾、遮遮掩掩、旁顾而言他呢？

因为那是你的人生！人生从未有什么选项，只有取舍。只有你，才知道自己最想要的是什么，没人能够替你取舍。纠结的不是问题，不是事情，不是现实，而是人！

06

从小，父母教导我们是非对错。于是我们知道，错误的人生是很可怕的，不可以踏入。

然后是读书时的单选题训练，一道题有几个选项，但只有一个是正确的。

许多孩子擅长单选题，甚至在不知道正确答案的情形下，单靠排除法，把错误的选择统统打叉，就能找出正确答案。然而，人生却是一道多选题。

就职业来说，任何选择都是取舍的。选择高薪，可能要多多加班；选择清闲，可能薪水太低；选择大公司，虽然规范但人压人、人摞人，出头之日渺茫；选择风险公司，激烈的起伏让你心脏分分钟受刺激。

就爱情来说，更是如此。人性是二元的，每个人心里都是进取与堕落并存、善与恶同在。你要掂量他的进取心多重，还要估算他的堕落意愿有多强；你要选择他的善，还要弥平他的恶……这都是圣人玩的业务，饮食男女，只求好恶，在这些取舍面前真的好累，根本玩不动。

诸如读书，有些人指望靠名人书单引路。可是读书这种事儿，最近似于人生，完全是门实践学科。一本书是不是适合你，只有读了才知道。名人不是读了多少本好书才成为名家的，他们是那些善于从垃圾中汲取营养与智慧的人。

这些事情原本顺理成章，但当人陷入纠结中时，事情就变成了问题。

07

有些人，错误地以为人生是可以预测的。他们恨不能把摆在面前的每一条道，都计算个明明白白清清楚楚，从各个维度上打分，选择性价比最高的那一条。毕竟人生只有一次，选择了这条路，就没办法再选择另一条，所以不希望出现选择错误。

但问题是，人生路是个性化的，更是不可测的。

你走时是康庄大道，他上来就是崎岖坎坷；你走时风平浪静，他上来就狂风暴雨；你走时拂花穿柳，他上来就荆棘遍布……每个人的性格不一样，价值取向不同，汝之蜜糖，彼之砒霜，根本没有可比性。

生命历程是由我们的内心感受构建起来的。每个人的路布满了偶然与巧合，完全无法复制。

08

根本没有那条更好的路。只有你自己，知道你的未来。

曾有个女孩，打小父亲跑掉，在世人歧视的眼光中长大。她迷上了舞蹈，终于有机会上台，却因为腿拉不直、劈不开、跳不高，被人嘲笑；又因为不讨领导喜欢，遭受各种打压；和舞蹈团的同事关系也没处好，大家都嫌弃她。

她费尽周折终于调到北京。住在地下室，只有一条板凳大小的空间，上面哗哗漏水。就这么个地方，还是和别人共用的。

最要命的是，因为她资质太差，北京这边的同事也非常讨厌她。到最后，她竟然没办法在团里待了，只能孤零零地找个没人的地方自己练功。但她练起功来，是何等坚韧啊。她的妹妹记得，有一次她把腿搁在墙壁上练习劈腿，突然之间电灯泡爆裂，黑暗之中，玻璃碎屑漫撒而下，她却毫无反应，不为所动，专心劈腿，泰山崩于前而色不变。

终于有一天，她走上舞台，观众疯狂地叫着她的名字："杨丽萍，杨丽萍，你是最好的，我爱你！"

哪里有什么天才。杨丽萍舒展曼妙的舞姿，告诉世上所有的人，这是她的人生路。路上没有别人，只有她和自己在一起。

09

许多人，活得浑浑噩噩，不知道自己到底想要什么，饱食终日。举棋不定，进退不安。这个也舍不得，那个也放不下，大把大把的光阴，浪费在纠结之上。

找不到自己，内心恐慌不已，渴望从别人那里获得答案，但是别人不可能给你答案。

因为，你真正想要的东西藏在你心里。

10

顾城告诉我们，纠结之人，不是诚实的人，他们不敢面对自己。纠结的不是事儿，而是人！

当一个人放弃心中最有价值的东西，外界的一切就变得极为重要。但这些所谓的重要，不过是人生的纠结，不过是为逃避自我营造出来的心理虚像。

对于目标明确的人来说，职业上选择高薪还是成长，没有差别，高薪有高薪的好处，成长有成长的意义。对于优秀的人来说，不需要依靠他人，更不会放弃自我，何来纠结可言？对于真正的读书人，最重要的是文字组合带给他的快感，再差劲的书也不妨碍他汲取价值精华。

你读过的书，走过的路，爱过的人，见过的风景……唯有这些，才构成全新的你自己。

人生真正的选择，是经历了世态炎凉后的通透，是阅尽沧桑后的洗练，而不是不敢面对自己的恐惧，更不是逃避迷途的纠结。

人生本没有路，走过行过，哭过笑过，这就是你的路。

你的路上，没有别人。坚定地成为自己，对自己直率坦诚。诚实的人，内心只有一个声音，行进，行进，行进。一切鸡毛蒜皮，流言与蜚语，世俗与虚荣，诱惑或胁迫，激愤或怨怒，所有这些犹如东风过马耳，鸟飞不留痕。当一个人不再自欺，不再恐惧，就会清楚地看到他想要的东西。

人生没有选项，只有取舍。选择与你内心标准相一致的东西，如果你还在纠结，那一定是你心中失去了爱。逃避者不敢面对责任，不敢面对爱，因而表现出刻薄与攻击性。这种恶，却只敢面对爱自己的人。而其内心却陷入巨大的悔恨与冲突中，夜夜以泪洗面，感觉生无可恋。其实只要对自己粲然一笑，说一声这是何苦，就能够从卑微屈辱的迷失中走出来，就会看到你的生命之树，在刹那间花开明艳，就会获得简单明丽的人生，再无纠结，再无凄苦，只有温静与平和陪伴着你，平淡地走向快乐与幸福。

你的性格，就是你的命运

01

生之于世，要学会看人，更要学会看自己。如何看人看自己，让自己在这世上过得逍遥快乐而幸福无边呢？

一是读史书，二是读人物传记，此二者可以将人物的生平高度凝缩，让你眼界开阔，学到更多东西。

但这两个办法太专业，而且耗时太长。有没有时间短，见效更快的呢？有——你可以看史诗级别的电视剧。

02

好多年前，有部国产电视剧叫《大宅门》。这部剧取材于现实，讲的是一个古老的制药家族，从晚清到民国四代人长达百年的兴衰沉浮史。整部剧中最好玩的，莫过于这四代人不同的性格以及他们的性格所带来的必然结果。

03

第一代人，出场就是位长胡子老爷爷，不知道他是怎么长大的，又曾接受过何种教育，总之他出场就掌控着一个医药家族，富可敌国，傲比王侯。所以这位老爷爷专横跋扈，霸气冲天，谁敢惹他，他就让你吃不了兜着走。

就在这个背景下，王府大格格病了，请了这家人的二儿子去看病。二儿子诊出是喜脉——大格格肚子里有小宝宝了。

万万没想到啊，人家大格格还没嫁人，怎么可能有孕？王府震怒之下，认为二儿子浪得虚名，当场砸了他的车，杀了他的马。

于是老爷爷登王府门，替二儿子请罪，然后给大格格诊脉，嘿，他发现大格格是千真万确怀了身孕。这位老爷爷就乐了，心想，你王府有权就了不起啊？就可以瞧不起我们平民百姓啊？你不仁，就别怪我不义。

于是，老爷爷就假称大格格不是怀孕，但开的药方清一水安宫保胎丸。不久，大格格生下一对双胞胎，让措手不及的王府顿时鸡飞狗跳。

老爷爷报了仇，好开心。

王府怒了，要报此奇耻大辱。

04

王府密布罗网，罗织罪名，把老爷爷的大儿子打入天牢。老爷爷大怒，誓与王府周旋到底。这时候，剧中女主角，老爷爷的二儿媳妇苦苦相劝：咱们家是行医制药的，不适宜肝火太大，应该寻求与仇家和解，退一步海阔天空。

老爷爷怒斥儿媳：我进一步多难啊，凭什么退？老爷爷坚决不肯退，还托关系向慈禧太后递了奏折，说自己好委屈。慈禧见到老爷爷的奏折，当即传旨：封其药铺，斩其子！让你较真，让你跟权力斗！让你赌气，让你任性，权力比你更赌气、更任性！

闻知消息，老爷爷"哐叽"一声就趴地上，崩溃了，才知道自己在家里蛮横霸道认死理，拿到门外，人家是不认的。

05

家族第一任领导人黯然谢幕，把治家权力移交给了二儿媳妇。为什么交给二儿媳妇，却不交给二儿子？因为二儿子是个"窝囊废"。由于上代人太过于专横霸道，蛮不讲理，严重地压制了下代人的成长空间。老大是个遇事忍让的性子，老二也是个遇事退缩的性格。

其实二儿子也非泛泛之辈，酷爱书法艺术，又是制药高手，但偏偏他有人际交往障碍，最害怕与人争执。老二遇事，就是个忍字。

自己被人欺负了，忍！家族被人蹂躏了，忍！大哥蒙冤入狱，忍！官府查封了自家药铺，忍！自己媳妇治家，被无数人欺负，甚至指着鼻头骂，他忍……哪怕有人当面抽他媳妇耳光，他也绝对不吭一声，忍！

之所以忍，只因为心里怕。他害怕所有人，害怕所有事，恨不能挖个洞，钻进去躲起来。

因为怕，所以遇事特别紧张。一紧张一恐惧，脑子就乱，明明是自己占理，脑子却是乱成一团，一句话也说不出来。为息事宁人，只能是忍。

二儿子就是这么躲着，忍着。躲了一辈子，忍了一辈子。到后来家里被人欺负得不成样子，他再不出来说句话，实在不行了。所以他怒吼一声，冲出门外……然后摔了一个大跟头，把自己摔死了。他实际上是吓死的！如果他不摔死自己，就要上前与人理论。与其站出来说句话，他宁肯选择死！

06

风水轮流转，性格也循环。由于第二代的窝囊，给第三代人腾出了生长空间，导致第三代人又是个无法无天的主儿。大宅门第三代是剧中的男主角，生下来就是个熊孩子，刚出娘胎时，笑而不哭。新出生的婴儿得哭，哭才能学会喘气，所以家人打他屁股，想让他哭。可大巴掌抽上去，他笑得花儿一样灿烂。

这不是孩子，是个熊孩子！这孩子落地就熊，天不怕，地不怕。搅闹学堂，殴打老师，上房揭瓦，下地纵火，没他不敢干的事儿。这孩子还早恋，小小年纪，就逮到家族血仇、前面说过的大格格生的女儿，跟人家谈情说爱，等家人发现这事，小公主都有身孕了。

母亲为了教育他，苦口婆心，说了没用，棍棒抽打，却打不过他。任何教育方法落到他身上，就一个字：熊！

没人管得了他，他也不听任何人的话。最后实在是没办法了，母亲只好忍泪宣布：这不是我的儿子！你走，不要再让我看到你！把他赶出了家门。

07

大宅门的第三代人被逐出家门，去了济南。到济南后，他却突然间洗心革面，重新做熊孩子……真的是重新做熊孩子，他用了气死人的怪办法，在济南白手起家，徒手创业，迅速赚了比大宅门世家还要多的钱。所有人都惊到了。

大宅门里那么多老实孩子乖孩子，却只有个蹲饭桌前死吃的本事，都是吃货。为什么偏偏是这个熊孩子，成就了事业呢？答案，在第四代人身上。

08

大宅门的第一代，胆大包天，跟权力死磕，结果死于权力之手。第二代窝囊而死。第三代人，性格随了第一代，却学会了与权力博弈，因而再创家业。但大宅门第四代，回归到第二代的窝囊，而且连第二代都不如。二代人虽然窝囊，但好歹有点艺术天资，精擅书法，更精于制药，算是个性格沉闷的专业技术人员。而第四代，却是个专业的祸害人员。

第四代人满心恐惧，却又不走正道。作为第三代人的父亲为了磨砺他，让他跟家族企业的高管去采购药材，结果这孩子出门就进了赌场，进门就输掉12

万两银子。而他亲爹当年济南创业，是白手套来3 000两银子，成就偌大家业。这孩子祸害的手笔之大，让亲爹当场就崩溃了。亲爹决定采取点"有效"的教育方法——打断儿子的腿。第四代腿被打断，但仍无丝毫悔改之意。

直到剧情结束，三代父亲才醒过神，要想教育好儿子，只能采用母亲对待自己的办法：赶出门去，让你独立，让你成长。

要成长，就必须断奶！

09

回顾大宅门里的四代人，你会发现一个奇怪的东西——教育生态学。

教育生态学，是说一个孩子的成长不是孤立的，是与环境互动而形成特殊性格的。比如说大宅门第二代，因为父亲的专横霸道，压制了他的生存空间，导致他沦为窝囊废。而第二代的窝囊又给了第三代无限的成长空间，最终成就事业。可第三代人太优秀，又压制了第四代。

没有完美的教育，只有度的把握。但天下父母连自己的度都把握不好，更遑论把握与下一代博弈的度了，所以这世上的孩子只能在残缺中成长。父母管严了，就懦弱到骨子里；父母管松了，就无法无天一熊到底。

所有人，终其一生努力，不过是修复自我人格中的残缺，不过是把握两个东西：恐惧度与事理常识。

人不能为恐惧所慑服，更不能不存敬畏之心。大宅门第一代人缺失敬畏，结果毁了整个家业。第二代人和第四代人，则是恐惧过头，丧失基本生存能力，因而无法成事。

唯有第三代人，他有第一代的天不怕地不怕，又不失对他人的尊敬，所以他的恐惧度适中。此外最重要的是，他还具备基本的事理常识，知道做事的法则，也知道谋事的规律，所以他能够成就事业。

10

一个人内心的恐惧度，与他的成事能力直接相关。

太恐惧的人，智力被压抑，丧失了对人情世态的观察能力。这类人或是故意把做事想得特简单，认为别人都是趋炎附势巧取豪夺，自己满腔正义却连饭也没得吃，因而委屈得要死；或是骗自己说做事太艰难，自己就是个蠢材吃货，心安理得地在恐惧中混吃等死。

太过于大胆的人，无法无天，失去对基本规则的敬畏，往往如愤怒的螳螂，见到疾奔的车子就冲上前，结果螳臂当车，被碾得粉碎。

所以做人呢，第一要知道点教育生态学，知道这世上根本没有完美的教育，只有成长过程中见招拆招的博弈。良好的家境可能长出废材，差劲的家庭也会飞出金凤凰。

第二要知道凡事有度。胆子太小，会成为窝囊废；过于胆大，又会不知进退，小者误人生，大者要人命。要无忧无惧，时刻存有敬畏之心，不恐惧人际，敬重每个人的努力与成就。只有尊重他人的努力，我们自己才会努力；只有尊重他人的成就，我们的人生才有可能取得成就。

最后，懂点成事道理。我们谋事，不是躲进地洞里闭门造车，所有的事业都是个社会博弈过程。一如人生的成长，为人父母，不可失之平和；为人子女，不可少了娴静。那些不知恐惧的人，虽然会释放出更大的生存空间，却让人忘乎所以，失其分寸。强硬之人虽然会压制我们，却让我们在其中得以窥见人性的悲凉。强大者往往能从自身的命运中跳出来，观察自身所处的环境以及自己在环境博弈下所形成的个性。胆子太小，就激发自己的勇气；胆子太大，就培养自己尊重别人的敬畏心。只有当我们具备勇气，心存敬畏时，才会恰到好处地分析判断事物规律，才能够在人性的艰涩中缓步前行，积日成年，聚沙成塔，终有一日会迎来自己的生命之树，开花结果，香满人间。

第 二 章

·····

成就优秀的自己

·····

你看错了世界，却说世界欺骗了自己

01

有位18岁少年，在乡下挤奶。唔，挤牛奶。有经验的人都知道，挤奶之事，会挤很简单，不会就凌乱。但前辈偏不告诉少年，只丢给他一只桶："去，找牛挤奶。"

少年就雄赳赳、气昂昂地拎桶扑向母牛……不是，扑向奶牛。哼，咱们开始挤奶。然后就钻到牛肚子底下，开始揉搓。揉搓半晌，一滴奶也没出来。少年茫然不解，只好找前辈请教。

前辈说："挤牛奶，得先让小牛把奶吸出来，这么简单的事儿都不知道，你说你蠢不蠢？"

少年点头认错，再回去找小牛。

02

少年牵着小牛，来找奶牛。先让小牛吸奶，果然是吸出来了，只是小牛再也不肯撒嘴了。

前辈说："不快点把小牛牵开，奶就会被小牛喝光，你还挤什么啊？"

少年急忙上前，劝说小牛，哞，咱们要有奉献精神，不喝了好不好？

小牛不睬。

少年抱住小牛脑袋，想把小牛弄开。小牛轻摆牛头，就把少年甩飞。

少年再冲回来，强行将小牛牵到一边。

然后赶紧拎桶，往奶牛肚子底下钻。不想小牛又回来了，照少年屁股上就是一脑袋，撞得少年脸贴地溜出去好远。

少年再爬起来，长了心眼，把小牛拴得牢牢的，然后飞快回来，火速挤奶。正挤着，奶牛探头一看：咦，原来挤自己奶的，不是我家牛宝宝。奶牛很生气，一蹄子踢飞奶桶，又照少年头上"砰砰砰"狂踢，让你抢我宝宝的奶！

少年被踢惨了，狂奔到安全地带，双手抱头痛哭，挤个奶怎么就那么难呢？

03

若干年后，少年名满天下……他突然产生了一个疑惑：当年挤奶的人可不止我一个，但为什么只有我火了，而有些人的生活环境并无改观呢？

为什么，为什么？直到有一天，他发现了一本书，才恍然大悟。

04

少年发现的那本书，书名叫《太平草木萌芽录》。这本书是清朝时的书生易翰鼎所著。

易翰鼎，在历史上没什么太大动静，知之者甚少。他在70岁时完成了这套书，记载了他从16岁到70岁的人生轨迹。

不怪大家不晓得这本书，事实上，就连易翰鼎本人对自己的成就也不太满意。所以他在75岁时，留下一条家训：自叙平生至愿，荣华富贵皆在所后，惟望子孙留心正学，他年得蔚为名儒，则真使吾九泉含笑矣，群孙勉乎哉！

翻译成白话文：咱这辈子，要名没名，要钱没钱，不甘心。希望子孙们多多用心，将来成名成家的，老祖宗我在九泉之下也会开心地跳起来。儿孙们，赶紧起来加油！

看到这条家训，少年恍然大悟。这位易翰鼎就是少年的曾祖父，而这位傻得可爱的挤奶少年，就是我们都很熟悉的易中天。

05

讲起易中天挤奶的事儿，是想探讨这样一个问题：决定我们人生命运的，都有哪些因素？

人生起点相同，归宿相同，但中间状态的质量大不相同。有人无所事，无所成，徒然空虚寂寞冷。有人有所事，有所成，让人羡慕嫉妒恨。

有人来过拼过，哭过笑过，渐渐步入人生辉煌。有人争过斗过，吵过闹过，却是每况愈下，一日不如一日。

造成这种人生差异的原因，究竟是什么？事业有成的人，习惯把成功归结为自身的努力，但这是真的吗？

06

一个人的成长正如一粒种子，能不能破土，能不能发芽，能不能开花、结果、长成参天大树，并非种子自己说了算。

种子如愿成长，至少需要六个因素。

种子成长的第一个条件：有水灌溉。再努力的种子，落到千年长旱的沙漠里，也没咒可念。再努力的人，如果生命中没有激情之水滋润，奋斗一番就会心智枯竭，终败于命运的脚下。生命之水，隐喻的是家族奋斗精神。

有位名家撰文，他遇到家族文化营养不良的成就者，这些人虽然意志果决，但坚冷生硬，失之寒涩。如沙漠中的仙人掌，固是贫乏状况下的生命奇观，但那种顶尖带刺的自我保护，让人看了心疼。

相反，有点家族文化底蕴的人，就轻松多了。

比如易中天看到曾祖父传书后，恍然大悟：原来我是在完成曾祖的遗训，原来我生命中本就有这种不凡的力量！

不怕熊一个，最怕熊一窝。家族文化的底蕴，是我们成事的必要条件。

07

种子成长的第二个条件：土壤的松软度。

再好的种子，如果落在石头上，除了腐烂别无出路。但如果是落在松软的泥土里，那就有无穷的机会。这是说家庭的契合度。有些家庭比较宽松，父母开明，宽允"傻气"，允许孩子按自己的特质成长。这样的孩子选择多，有自信，人格更丰盈。相反，在认知偏狭的家庭，纵然孩子有天分，也会横遭羞辱，被残忍压制。所以，许多有特殊能力的人，活在一种屈辱的心境中，就是因为他们成长之时，从未获得过鼓励或支持。

未来时代，世界多元，你所有的天赋与技能，都可以找到用武之地。重要的是，明白这一点。

08

种子成长的第三个条件：你自己得是一颗好种子。这就是心灵鸡汤不受人待见的原因之一。个人的努力，对命运的影响只占1/6。然而同质竞争，价优者胜，把这1/6的要素把握好，让其权重占到50%以上，就可以反过来影响环境。

种子成长的第四个条件：施肥足够。

这是极客观的硬件，就是家庭的经济条件。为什么那些经常出国见多识广的孩子更容易成功？因为人家经济宽裕，选择多，空间广，纵然一时之间不如意，也有充裕的转变之机。穷家孩子却只能孤注一掷，一旦失利，很难东山再起，是以金钱成为生命不堪承受之重。钱不是万能的，但没有钱是万万不能的。这是至理之言，切须铭记。

09

种子成长的第五个条件：随时铲除杂草。杂草和种子争夺营养，长得疯快，遮住阳光，夺走雨露，占用你宝贵的时间，消耗你的生命和机会。杂草是指那些意志颓废的劣友，他们没什么人生目标，你就是他们的目标。他们靠消耗你的人生，获得成就感。他们的日子过得无聊，每天有大把的时间挥霍，但一事无成，让他们内心惊恐。他们唯一的愿望是希望你也够惨，事业无成，人生荒芜，借以获得几分快感。这就是杂草，将其连根拔除，不会有坏处。

种子成长的第六个条件：消灭虫害。

虫害与杂草同属一类，只是更露骨、更直接、更凶残。

虫害是那些伤害我们的人，是心怀恶意的暴力者，校园暴力、家庭暴力以及带来暴力的劣友。

人太脆弱，不堪伤害。对任何有暴力倾向的人敬而远之，保持与家人的联系，及时求助于社会力量，这才是自我保护之道。

10

世界是个奇怪的有机体。多因生多果，多果缘多因。单因不成果，独果难溯因。比如一个孩子很优秀，那是多个因素有机化合而成。你非要找出某个决定性特质，就很难学到人家的长处。

又如成事之人，挨过揍，打过人，努力过，放弃过。非要问哪个因素决定了他的一生，问题本是错，答案是瞎蒙。

最偏狭的思维，莫过于非要在单一因果间画等号，画不上就瞎画一气。这类人说话神秘兮兮，听起来有道理，但只是部分道理。不听好像不对，听了更加别扭。他们把有机的整体孤立成零散的单元，为了支持自己的理论，索性屏蔽异质信息，思维日见狭隘。

明明是你看错了世界，却说世界欺骗了自己！

11

生命如种子，机缘各不同。人的成长，是集成各因素力量化合而成。人生是个整体，诸要素相互牵掣制衡。日常勤思，精点泛面，努力让自己的认知浑圆而柔润、不偏狭、不执拗、不赌气、不任性，才是真正做好我们自己。

拥有生命之水，环境宽松，自身努力，经济从容，远离劣友，消灭害虫。这六项因素之中，单独一项很难起到作用，须得汇成一个有机的系统，彼此勾连，相互促成，才能让我们以及我们的孩子，拥有安静的心灵、好奇的天性、不懈努力的韧性，以及矢志追求高质量人生、实现自我价值的强烈内在冲动。

人生适应力的七个阶段

01

能力之上，知识之外，还有些更为重要的东西——社会适应能力。不是智商，非关情商，特指一个人全面的、综合的适应素质。好比牌桌上，打牌技巧娴熟的人，哪怕是拿到一手烂牌，也能打得风生水起；而心情阴郁之人，再好的牌拿到手中，也总是被对手吃死，徒然愤懑，却无可奈何。

那么这种社会适应能力，如何才能够掌握在手，运用于心呢？先登高，再俯瞰，就会发现所谓的社会适应能力，也是有层级、分阶段的。

大致有七个阶段。

社会适应的最底层，是为奴心态。

处于这个层级的人，能力有，本事也不缺，唯独心里愤愤不平，老是感觉这个世界亏待了自己，所以不肯做事，不情愿做事。这种态度和情绪，会让你步步惊心，很难有翻局的机会。

有个网红曾说他中学时的体育老师不喜欢运动，不喜欢运动还偏偏要教体育，所以这位老师满心悲凉。上体育课时，他根本不管孩子，扔几个球过去，让孩子们自己玩。老师独自坐在操场边上，满脸惆怅地眺望远方，唉，这无聊、琐碎而乏味的人生，何时是个尽头！

我们身边有很多这样的人，甚至有些人长时间陷于这种不情愿又无力改变的悲哀状态之中。他们的人生不能自主，不自由。老天爷似乎是为了惩罚他们，才发配他们来人世间受难。他们将人生视为一场残酷的迫害，活得委屈、伤感又幽怨。

02

走出为奴期，就会进入第二个阶段，是学徒期。

意识到命运在自己手中，但残留的旧观念仍让人举步维艰——甚至会把智商降低到让人惊讶的地步。

曾有个女学生，少有大志，矢志从医，寒窗苦读二十多个春秋，终于可以以实习生的身份跟随名医，进入病房区巡视。

进了病房，见一位脸色憔悴的产妇怀抱婴儿，问："医生，宝宝都出生两天了，还是不下奶，怎么办啊？"

名医哈哈一笑："上取奶器。"

产妇："试过了，不管用。"

名医："你老公呢？让他过来挤奶。"

产妇："老公在国外，根本回不来。"

"老公不在……"名医左顾右盼，忽然看到实习生，"你，过去挤奶。"

什么？实习生蒙了："这……不妥吧？"

名医笑道："想患者之所想，急患者之所急。患者不下奶，正是你用武之地。赶紧的，别磨叽了，你看产妇脸都憋得青紫了。"

实习生无奈，只好过去挤奶。

挤了一会儿，奶水出来。实习生赶紧报告："老师，奶水下来了，现在该怎么办？"

"怎么办？赶紧闪开让孩子吃呀！"

病房里，大家顿时哄堂大笑。别人看着好笑，那只是隔岸观火，没有当事人那般处境尴尬，心慌意乱。

等过了这个阶段，就更糟糕了。

03

第三个阶段，是做工阶段。只知墨守成规，不知变通。

有位高学历男生恋爱了，第一次和女孩逛街，来到了一条空荡荡的路上。

咦，路口出现红灯。男生立即停下来，可是女孩奇怪地看了他一眼："你有病吗？这里没人也没车，傻站在这里干什么？"

女孩"噔噔噔"地冲过马路，扬长而去。绝交。

就因为停了一下，失去心仪的好女孩，男生非常懊恼。

不久，他又遇到另一个姑娘。这次他学乖了，两人逛街时，虽然是红灯，但见车流稀少，兄台果断闯过。

女孩大诧："亏你还是读书人，无视交通规则，肆意闯红灯，遭遇交通事故的概率会很高。我不想和事故概率太高的人在一起。绝交！"

第二个女孩也离开了。从此这位男生陷入心智崩溃之中，多年之后，仍然单身。

动辄得咎，横竖是错。这类人生活中常见。

必须咬牙前行，再进一层。

04

适应力的第四个阶段，叫匠心匠气。听名字，就知道这是人生成就的分界线。

如果走入匠心，就会匠心独运，获得主动型、成就型人生；如果匠气太浓，就会刻意为之，弄巧成拙。

主持人何炅曾说过一件事：有一次，节目嘉宾是徐若瑄，还有演《琅琊榜》的胡歌。但那天很奇怪，节目组中的人个个出事，频遇灾祸。

何炅眼里进了沙子。胡歌肚子疼。场工笨手笨脚，把膝盖磕伤。还有服装妹妹，把手划破了。

伤的伤，病的病，节目真的没法再录了。

危急时刻，徐若瑄打开了她的小背包，取出眼药水，替何炅吹掉眼里的沙子；顺手把治肚子疼的药递给胡歌；再拿出跌打膏，给膝盖破了的场工；又拿出创可贴，替服装妹妹贴上。

眨眼工夫，混乱的现场恢复秩序，大家还没回过神来，徐若瑄又拿出唇油替自己补妆，然后招呼惊呆了的何炅喝茶。

何炅惊呼道："你太厉害了，这招我要学。"

从此何炅也往自家的包包里装了一大堆的瓶瓶罐罐……终于有一天，有人手擦伤了。何炅激动不已，急忙打开包包，想露一手。

可是好奇怪……包里的东西太多，创可贴到底在哪里？怎么找不到？把包里的东西全倒出来，再找半晌，才发现一小片皱巴巴的怪东西。看样子像是创可贴，但时间太久，早就没法用了。

何炅仰天长叹。人家徐若瑄之所以乱局不惊，那是匠心；自己刻意模仿，画虎类犬，这个叫匠气。

从此何炅不再刻意模仿，只做好自己，发挥优势长处，把短处留给同伴弥补，他才成为独一无二的何炅，而非男版的徐若瑄。

05

适应性的第五个阶段，明者为师。发挥匠心，独特自我，性格越来越沉稳，可为人师矣。

有个年轻人，跟老板出门办事，路上和人迎面撞上，对方瞪眼："怎么，想打架呀？"年轻人大怒："看你那德行，打架就打架，怕你才怪！"当场和对方厮打在一起。

老板转回来，拉走年轻人，向对方道歉赔礼，并对年轻人说道："孩子，你要明白，我们出来是办事的，不是找无关的闲人怄气来的。如果你的人生置目标与福祉而不顾，一味逞强斗气，那你就犯浑了。"

老板的这句话会让年轻人受益一生。这就是人生的师者境界，可以引导人，帮助人。这也是成熟人生、稳重的人生。

06

适应能力的第六个阶段，成家阶段。

师者，只是传道授业解惑。而家可以保护你，给你安全感。

成名容易成家难。但人总是要成家的，成家者需要拥有更强大的能力，为那些还在前几个阶段的人搭建平台，挡风遮雨。诸如实业家、企业家，这些人建立产业，独自面对险恶市场，让前几个阶段的人食无忧、衣无虑，愤愤不平地骂老板无能，抱怨世界亏待了他们。

能力越大，责任越大，越易遭人骂。

所以还要努力前行。

07

最高阶段，是成就自我。

许多事业有成的人，都有着著书立传的冲动。之所以著书立传，只是为了把自己的人生智慧传递下去，寄希望能青史留名。正如并非每个有能力的人都心怀慈悲愿意帮助别人，许多有能力的人也未必能够在历史上留下声名。但人生行进，永无止境。凡是事业有成的人，仍然在努力奋斗。

努力才知不足，奋斗未有尽时。能否留名于史，这个赌天资，赌运气。

但意志果决地前行高攀，会让我们不再受制于狭小激愤的情绪，获得平静快乐的心。

08

总结一下人生适应的七个阶段：

第一步，拒绝人生的为奴时期，也是人生的不情愿时期；

第二步，知道努力的学徒时期，也是懵懂晦涩期；

第三步，老实规矩的做工期，也是刻板僵化不知变通的阶段；

第四步，匠心与匠气分离的分界期，也是渐入佳境的转化阶段；

第五步，获得主动的为师期，人生始有成，能够引导人；

第六步，有自己信念体系的成家期，能够保护弱者，庇护家人和友人；

第七步，洞悉规律的成就期、自由期。

——你在哪个阶段？又该如何努力？

09

人心是个奇怪的东西。一念成佛，一念成魔。

人生如打牌，打来打去也不过是那几张熟悉的牌。让我们打好人生这场牌的，不是学到的什么惊世技巧，而是沉静的心与临场发挥的能力。

心态与情绪，决定着我们此生的胜负。

一生之行，不过修心。

心气平和，始终保持冷静与温和，接受现有的，改善能变的，期待未来的。此前的定局，不会再改变。此后的变局，尽在你我之手。

人生七个阶段，有的人会在一天之间完成，有的人却会终其一生，沉陷于最底层。到底想要什么样的人生，希望自己在哪个位置，一切取决于我们自己，取决于我们是否愿意丢弃怨愤与偏激，让自己获得快乐、开心与幸福。

有些事情，换个说法就不一样

01

看到一个开心段子。

两张图片。第一张是一只带有细小伤痕的手，文字说明：今天下午玩刀，不小心割到了手。

后来想了想，有些事儿换个说法，效果就完全不一样。

……怎么就不一样呢？

第二张图片，是微信对话。

伤手男孩：今天想把你的名字刻在手上，可是用力过度了。

男孩：我能把心全部给你吗？

女孩：傻瓜，以后不要这样了。

下面的留言，一片爆笑，哈哈哈，嘎嘎嘎，居然还有这种操作。

实际上我们每个人都是这样操作的。

只是沉迷其中，浑然不觉。

02

王阳明先生说："心外无物，心外无理。"

这句话很是令人费解。

心外怎么就没有理了？明明好多理嘛！怎么就无物了？你看那宇宙星辰、山川江河，这些难道不是物吗？

莫非，是王阳明先生喝多了，随口乱说？

错。王阳明先生并没有乱说，我们每个人其实生活在自己的主观意识之中。

诸如段子中的女孩，看到男友手割伤，心里甜蜜又苦涩：爱我就爱我呗，干吗要伤害自己呢？爱我，更要保护好你自己，才能在需要的时候保护好我……此念即生，各种秀恩爱是必需的。实际上，这不过是男友玩刀伤到了手，跟爱不爱她没半点关系。

但她觉得有，就有了。

03

有一年，比尔·盖茨来中国演讲。

现场有个14岁的少年，名叫蒋甲。

少年蒋甲一边倾听演讲，一边在心里冷笑：哈哈哈，比尔·盖茨，你等着吧，我马上就长大，30岁前我要创办公司，灭了你，让你去街边的垃圾箱里翻找食物，让你在星光之下，仰面垂泪，无语问苍天：既生比尔，何生蒋甲？

雄心勃勃，壮志凌云。

眨眼工夫蒋甲就30岁了。

有一天，蒋甲早晨起床，急匆匆地赶公交去公司上班，遭到主管厉声斥骂时，他突然间想起来了：咦，好像什么地方不对，不是说好了30岁之前，我要灭了比尔·盖茨的吗？怎么比尔·盖茨还好好的，我却还在打工？

到底哪儿出问题了呢？

蒋甲开始反思，终于发现，当年的梦想之所以成空，不是他没有想法，而是没有行动。

每一次，当蒋甲生出一个念头，想出一个创意，准备付诸行动时，内心却涌出一股巨大的恐惧……哎呀，要做成这件事，就需要走出门去，跟别人打交道，可人家要是拒绝了自己，那多没面子呀。

算了，过几天再说吧！

这次过几天再说，下次还是过几天再说，一次又一次，他终于如愿以偿成为一个平庸的人，一个胆小如鼠、能说不敢干的废材。

废材也蛮好……可是，一个人心怀大志，却被内心深处的恐惧牢牢攫住，这样在痛苦中挣扎的人生，真是自己想要的吗？

要不，咱们行动起来试试？

04

30岁的蒋甲，决定冲破命运的桎梏，找回自己。

他为自己定的第一个小目标，是朝不认识的人借100美金。

他把摄像机藏在身上，雄赳赳气昂昂出门，朝第一个人扑过去，扑过去，扑……哎呀，情况有点不对，对方是个壮汉……会不会打死自己呢？

虽然吓到半死，但蒋甲还是突破了自己，迎着壮汉走过去："先……先生你好，能借我100美金吗？"

壮汉声音洪亮："不行！"

听到这声震耳欲聋的"不行"，蒋甲魂飞胆裂，再也支撑不下去，掉头狂逃。

蒋甲一口气逃回家，关上门：哎呀，太可怕了，我疯了吗？怎么会干这种蠢事……惊魂稍定，恢复勇气，把刚才录下来的视频放了一遍，惊讶地发现，壮汉在回答了不行之后，还温和地问了句："为什么？"

什么意思？

就是壮汉并没有拒绝，而是询问究竟。如果自己与之交涉，说不定能把钱借到手……不，说不定能够成功。

导致失败的，是他心里的恐惧。

05

心怀恐惧之人，只要遇到一点小障碍，就会掉头逃跑。

逃跑简单又容易，但会失去人生机会。

明白这个道理后，蒋甲继续玩这个游戏，并玩得越来越娴熟。有一次，他手捧一束花，敲开一户人家的门，对迎门而立的壮汉说："先生，我可以把这束花种在你家花园里吗？"

壮汉："不行！"

蒋甲："为什么？"

壮汉："因为我家的狗太调皮，会把你的花刨出来的。这样，你出门往左拐，那边有户人家，他们家没有狗，肯定会让你把花种在花园里。"

结果，蒋甲出门左拐，真的把花种在了那户人家。

他的人生彻底被颠覆。

蒋甲还是蒋甲，但已经不再是那个满心恐惧、庸庸碌碌的蒋甲。

他的心态改变了，整个人也因此而改变。

06

人生，并没有那么难。

但当你心怀恐惧，再容易的事儿也变得艰难困苦。

07

美国的孩子，打小就训练战胜恐惧，独立生存。

课堂上，老师会发给每个孩子一盒糖果："孩子们，你们现在到街上去，把这些糖果卖掉，每盒要卖6美元哦。赚来的钱，拿回来交给老师。"

孩子们齐声欢呼，手拿糖果冲上街头，向路人推销。被拒绝是常事，但一旦成交，孩子的心里就立刻有了勇气。

如果是这样的话，那么美国孩子长大，应该都是自信满满、头脑睿智……那他们为什么还有穷人？

虽然大部分孩子能够战胜心理恐惧，但也有个别孩子，跑到无人地方，悄悄躲起来，把盒子里的糖果偷偷吃掉，哇，好甜……咦，糖果被自己吃了，拿什么交给老师？

唉，就把自己的午饭钱假装是卖糖果的钱交给老师吧！

再好的教育，也扶不起一个躲入恐惧深处不敢出来的人。

08

昨天，拦江书院推荐了德国作家博多·舍费尔的《小狗钱钱》一书，此书被誉为父母与孩子共同成长的金融读物。但金融法则，无非人性。所以这本书中，很大篇幅在讲如何战胜内心恐惧。

书中有位富翁讲："孩子，你看我身边这位可爱的老婆婆，她当年是位超可爱的小姑娘。当我还是个懵懂少年时，有天坐公交车，遇到了她，立即爱上了她，想开口，想表白，可是没有勇气。但如果我被恐惧所压倒，就会永远失去她。最终我强迫自己，主动向她表白……孩子，你看到了，我战胜了恐惧，得到的是一生的幸福。"

战胜恐惧，得到你一生的幸福！

09

为什么我们会感受到恐惧？心理学家告诉我们，恐惧其实是个好东西。早在人类蒙昧时代，环境险恶，虫兽出没，人在半夜里听到动静，立即撒腿狂奔者多半会保全性命。反倒是过于胆大之人却很危险，他们听到动静，先要过去看个究竟，哎呀，原来是一只剑齿虎……哎哟，好疼，痛死我了……还有求偶，胆小者看到可爱的原始姑娘，不敢追求，也未必会失去什么。胆大的跑过去，哎，我想跟你谈恋爱！可姑娘身后很可能突然冲出一群敌对部落的人，抓住你炖熟吃掉。

进化的数百万年间，恐惧始终是最有效的安全防御机制，让我们繁衍至今。但现在环境变了，规则变了。人类社会不再那么危险，不再那么险恶。文明的商业时代，需要的是勇敢与无畏的素质。可是恐惧之心，愈发炽烈。

10

人生如竞技场，不懂规则是玩不下去的：篮球场上，不能抓到球大脚开出；足球场上，你不能摆出打乒乓球的姿势；乒乓球台前，最好不要滚保龄球。

你说，这是常识！可你既然知道，为何非要在体现勇敢与果决的时代，大玩东躲西藏的恐惧游戏？

别再让你的恐惧之心文过饰非。如果你说，这篇文章的观点太偏了！做人呢，总是要有点敬畏，就连孔子都说"君子有三畏"，你雾满拦江还瞎唠叨个什么呀！可是，你应该知道，说这番话的，不是真正的你，而是你心里的恐惧。你明明知道，此文所说的战胜恐惧，是说在你人生事业上无畏前行，要勇敢地突破心理舒适区，挑战更高生命难度，而非让你去作奸犯科。你却曲解，只是顺应内心深处的恐惧，把自己的人生事业拉下黑暗的渊底。

王阳明先生说："心外无物，心外无理。"当你沦为内心恐惧的俘虏，就不会再看到手边无尽的优势资源，机会来了，你看到的只有困难；运气上门，你感受到的唯有惊恐。你一切的行为选择，都只是恐惧的表现。你以为自己只要躲得足够远，逃得足够快，就是安全的，但那是几百万年前的规则了！

醒醒吧孩子，有些事情，换个说法就不一样。你看到的、感受到的，其实全是你的心。如果心里渴望爱，人家砍自己一刀，你都觉得那是在爱你。如果你心怀恐惧，别人把机会送上门，你都觉得那是在害你。我们总是按自己内心的欲求，赋予这世界并不存在的特质。既然人性如此，何不顺水行舟？就如蒋甲那样行动起来，冲出舒适的心理窝巢，开始追逐放弃已久的梦想，让勇敢回到你的内心，从此成为一个强大的人，成为一个无畏的人，成为一个坦然面对自己的人。20年后微笑着对自己说："Veni！Vidi！Vici！我来过了，我战胜了恐惧，我做了自己该做的事儿！这才是我，在死寂尘世熊熊燃烧的、颜色不一样的烟火！"

找到人生的知己

01

古人说，"士为知己者死"。什么叫知己呢？就是知你，懂你，了解你，字字句句说到你的心坎里的人。遇到这样的人应该蛮开心，干吗要去死？这是因为，人生难得是知己。

芸芸众生，多数人终其一生，也遇不到一个欣赏自己的人。

02

有部极火爆的美国电影《寻找小糖人》，讲的是早年南非处于种族隔离之下，民众渴望自由，无意中得到一张美国唱片，歌手叫罗德里格斯。把唱片一放，那叫一个震撼人心，那叫一个气势磅礴，整个南非的人都惊呆了。

罗德里格斯走红南非，几乎每个南非人都哼唱着罗德里格斯的歌。罗德里格斯已经成为南非自由精神的象征，引导南非人民前行。

于是南非人民就吭哧吭哧地前行。

前行了好久，罗德里格斯的唱片销出了惊人的数字。忽然间有几个歌迷脑子一抽，正常了一下，问道：我们的偶像，在美国过得开心吗？

应该去美国膜拜偶像。在南非都火成这样，在美国铁定是大明星。几个歌迷兴冲冲地踏上了去美国寻找偶像之旅，万万没想到，他们抵达美国之后，却大吃一惊。

03

当南非的歌迷出发之时，美国这边，有个泥瓦匠正在工地上挥汗如雨。泥瓦匠是个熟手，干这活已经20年了。他每天累到半死，养活全家老小，时常感叹："为什么我的人生如此悲惨？每天累到半死，却无法撼动命运之分毫？"正自叹息连连，忽然间有人告诉他，来了群南非人，说是要找你。

南非人？找我什么事儿？泥瓦匠诧异地过去，果然见到几个奇怪的外国人，一个个用惊恐的眼神看着他：

你……叫罗德里格斯？

然也。

你……是个泥瓦匠？

然也。

你……曾录过唱片？

然也。

你……唱片销量如何？

还行。

泥瓦匠罗德里格斯说：兄弟我20年前吧，错走上了邪路，不脚踏实地和泥砌砖，却想入非非要成名成家。录过两张唱片：第一张唱片还行，一共卖出6张；第二张销量突破增长，卖了7张。你们问我这事干什么？想打架吗？

不是……

南非人疯了：我们的偶像，我们的神，你咋混成这样呢？

04

泥瓦匠罗德里格斯被邀请去南非演唱。去就去呗！他琢磨，现场听众应该有一些，不会少于30人。等他到了现场，顿时吓倒了，竟然多达数万人。

所有的观众陷入疯狂：罗德里格斯，你给了我们希望，你是我们的偶像。

泥瓦匠抱起吉他：呜嗷，你们高兴就好！

我的知己知音，你们来迟了20年！还能再迟点吗？

05

泥瓦匠罗德里格斯的故事是个真实事件，残酷的真实事件。不是你有本事，就一定会得到承认；不是你付出了，就一定会有回报。

罗德里格斯作为一名歌手，在美国不被承认，这对他来说当然不开心。但南非人承认他，这说明他所唱的歌并非一无是处，至少符合了南非人的胃口。

但是话说回来，纵然是美国和南非口味犯冲，南非人全都喜欢，美国怎么也应该有点歌迷基数吧？

但是没有。

也许罗德里格斯录制唱片时，喜欢他风格的听众恰好睡着了。

罗德里格斯还能说什么？只能认认真真拿起瓦刀，继续抹泥砌墙。

06

这世界越来越商业化。商业化是极好的事儿，可以让每个人的才智尽得舒展。商业化也是平民文化，可以赋予我们更多选择，终至让人类获得自由。

衡量一个国家或民族的活力，就看这个国家或民族对商业文化的认可与融入。

但在个人能力与商业认可之间，始终存在着一条巨大的鸿沟。

07

所谓商业化，实质上不过是获得他人认可的能力。这世上，有许多有才有德有能力的人，但并不是每一个这样的人都活得滋润开心。事实上，更多这类人士经常听到的却是：有本事的人有的是！

意思是说，你有本事，但未必被承认；你有本事，但我们就是不认你，不服你！

网上有个故事。有位少年立志要成为作家，关起门来狂写若干年，感觉文笔有成，遂精选文章几篇，发出去投稿。然后告诉家人，要给大家一个惊喜。

眨眼大半年过去了，却一点动静也没有。少年备感沮丧，从此萎靡消沉。

有一天，母亲叫他过去，手持一枝玫瑰："孩子，这是什么？"

少年："……是美丽的花。"

母亲："美丽的花，用来干什么的？"

少年："送给女孩子，表达爱慕之情。"

母亲："你确信？"

少年："……确信。"

母亲："牛也这样认为吗？"

少年："……牛？"

母亲："你见过哪头牛，叼着玫瑰，送给另一头牛吗？"

少年："牛不这么玩……在牛眼里，这就是一株草。"

母亲笑了："对了儿子，你总算想明白了。古人说：'宝剑赠英雄，红粉送佳人。'茅草喂蛮牛，玫瑰表爱心。这世上的人形形色色，各有各的追求，各有各的偏爱。你之蜜糖，彼之砒霜。你之豪宅，彼之茅房。你之快乐，彼之忧伤。无论你做什么，总会有一个认知圈子与你情投意合。但同时也有更多的人，对你没有感觉。你要做的，是找到自己的认知圈子。"

08

有多少人需要你，就有多少人讨厌你。有人喜欢你到什么程度，就有人厌恶你到什么程度。无论你喜欢什么，或是想做什么，必须找到能够容纳你的圈子。在这里，你的劳作或许被贬斥，甚至遭恶评，但不会轻易被无视。

正如你开一家店铺，你需要关注的是那些走进店铺手拿货物询问价格的人，而非要追到店铺之外，向每个路过的人发飙，指责他们不理解你，不同情你，不支持你。没有哪家店铺的老板会这样做，但有许多人，把自己的人生耗费在那些不关注自己的人身上。

在懂你的人群中散步——说的就是这个意思。

09

现代社会，我们需要更多的朋友，需要更多的知音，需要更多欣赏我们的人。

如何找到这些人？

患难见真情。

在你跌入人生谷底时，依旧对你不离不弃的人；在你需要帮助时，毫不犹豫伸出援手的人。这些人和你的亲人一起构成你最重要的"朋友圈"，他们不仅成就了你的生活，也成就了你的事业。

10

学会让人承认自己，学会找到自己生命的知音、知己。从小圈子开始，逐步扩张，学习让自己获得影响力的技巧。

商业时代，世界变小。你的知音知己再也不受时空阻隔，可以随时与你会面沟通。这是互联网时代为我们带来的便利，但别让自己成为信息孤岛，要让自己成为蜘蛛，居于中心，营建自己的事业网络。

这时代，改善我们事业的工具富足盈余，只需要再动动脑子。

别让自己成为孤岛上的罗德里格斯，别让自己的能力与技能如寒冬之花无端凋落。我们每个人都有无穷的机会，重要的是突破自我，努力让更多的人从你这里获得机会、希望、快乐与运气。你给世界带来多少，就给自己赢回多少。你愿成为多少人的知音，你就拥有多少知己。这就是商业时代的铁血法则，顺之则昌，逆之就会泯灭未来与希望。

相信自己，才能成就自己

01

"爱在左，情在右，走在生命路的两旁，随时撒种，随时开花，将这一径长途点缀得花香弥漫，使得穿花拂叶的行人，踏着荆棘，不觉痛苦，有泪可挥，不觉悲凉。"

上面这句话，是清华大学招生办引用的冰心原句，用以回复一个19岁的孩子——甘肃考生魏祥。

魏祥父亲早逝，己身患病，无法行走。他考取了清华大学之后，致信学校，希望校方能够提供一间蜗居，让身体有疾的他带着母亲去读书。

校方回应会妥善解决，不会错过任何一位优秀学子，并在信中称："对于你来说，来路或许不易，命运或许悲苦，但是请你足够相信——相信这个世界，相信你自己！"

02

古罗马哲学家塞内加曾说："何必为部分生活而哭泣，君不见全部的人生，都让人潸然泪下。"

之所以潸然泪下，那是因为人生充满了太多的喜悲，大起大落，跌宕起伏，犹如过山车一样忽高忽低。说到底，这世界平坦如砥，起伏摇摆的不过是我们成长过程中的感受。

每个人都有两次生命：第一次是活给别人看，第二次是活给自己。

03

很早以前，读过一个故事。

在一个美丽的港湾，生长着两种螃蟹。一种生活在海边的浅水洼，体形极小，只有乒乓球那么大，而且模样丑陋，反应迟钝。这种蟹甚至没有食用价值，只能碾碎用作田里的肥料。另一种蟹长在深海里，涨潮时被冲上海滩，挥舞着巨螯恐吓人。这种蟹的体形大如圆盘，色泽鲜亮，动作敏捷。不过是当地的两种螃蟹，如此而已。

忽然有一年，有位英国海洋生物学家来这里休假，他发现了当地的两种螃蟹，就仔细观察一番，宣布：这两种螃蟹，虽然体形差异极大，实际上却是同一个种类；只是外部环境的变化，让螃蟹的外表变得完全不一样。

此言一出，当地居民大哗，都认为这个海洋生物学家在胡说：这明明就是两种螃蟹，没有丝毫相似之处，怎么可以说是同一个品种呢？

生物学家遭到居民的肆意嘲笑，被激怒了，于是他和当地居民打了一个赌，要证明自己的结论是科学的。

他先从海里捉来10只鲜亮蟹，装进网箱，放在浅水洼里。再把浅水洼的10只丑陋蟹，装入箱中置于深海。如此半年，参与实验的20只蟹全都活着，只不过置入海中的10只丑陋蟹，全都长成了个大鲜亮的圆盘状，而原来那10只个大鲜亮的海洋蟹，在浅水洼里，全都变得丑陋干瘪，与浅水洼中长大的螃蟹毫无区别。这是怎么回事？

海洋生物学家表示，陆上水洼的丑陋蟹与海里的鲜亮蟹，确是同一个品种。

之所以体形迥异，就在于个体的选择。

选择！

原本这种螃蟹就是海洋物种，但有些幼蟹不明原因心怀恐惧，惧怕海里的大风大浪，于是逃避到岸边的浅水洼里，这里平静安全，只是食物太少，让螃蟹饱一顿饥一顿。浅洼蟹生存的全部目标，就是吃到足够的食物，这导致它们的体形越来越小，外形也越来越丑陋。

相反，海中的螃蟹虽然不得安身，随波逐浪，但为了对抗恶劣的环境，它们的体形越来越强健，而且大海里充足的营养滋润了它们睥睨天下的气势。

人生如蟹，一切取决于自己的选择。

04

不是环境造就了我们，是我们选择了环境。是我们的选择，决定了我们的生活，造就了我们千差万别的人生。

05

香港曾有个少年——比甘肃学子魏祥还要悲惨——家境原本就不好，在他12岁那年，父母离婚，都嫌他是个累赘，不愿抚养他。这苦孩子就流落到了笼屋——阴暗狭小的出租屋，里边是排得极密的上下铺。孩子住在这里，还要每天出门打工养活自己。他在一家茶楼做小弟，每天都吃不饱。

有一天，有位客人用过餐，买单离开之后，他发现客人还剩下一只叉烧包，看四周无人，急忙偷偷塞进嘴里，岂料领班一直在盯着他，发现他偷吃，立即冲出来，喝令他把嘴里的食物吐出来。他拼命把叉烧包咽下，噎得眼泪直流，然后摇头，否认自己偷吃。领班怒极，扬手一个大耳光，啪！把他抽倒在地，他就这样丢掉了茶楼小弟的工作。

06

孩子哭着返回出租屋，路上遇到一位他一向尊敬的老伯。孩子上前哭诉："为什么我的命运这么悲惨？为什么？父母离婚，谁都不肯要我，我到底长得有多丑？在学校里我被人欺负，茶楼打工，还被领班殴打。难道我这一生，就注定了要这么倒霉吗？"

老伯算是事业有成，常在出租屋附近走动，也时常教导这孩子一些道理，但往常孩子根本听不进去。

这一次，老伯听到孩子哭诉，盯着孩子看了半天，忽然笑了。

老伯说："傻孩子，谁告诉你人生是注定的？如果人生注定，还哪来的惊喜？注定了的人生，就算做了百万富翁，又有什么开心的呢？正是因为人生不能注定，所以才会时刻充满惊喜！正是因为人生不能注定，所以你的选择与努力，才有其价值！"

老伯的话让少年猛然惊醒。对呀，人生好像不应该是注定的。不同的选择，会带来不同的人生命运，既然如此的话，那我就努力吧。于是少年从此努力。他也没个正经方向，就是喜欢听歌，所以向着歌手的方向努力。十年之后，录制了他的第一张唱片。

第一张唱片录制完成后，工作人员聚拢在一起倾听。

听了一会儿，大家困惑抬头："哎，我说，你这唱腔……你自己听听，这是人唱出来的东西吗？就这东西，你觉得能卖出几张？"

"几张……"他鼓足勇气，回答说，"我估计怎么也得30万张吧？"

"30万张？哈哈哈哈，"所有人大笑，"就这鬼唱腔，居然敢说30万张？

我的天，我看你是想一夜成名，想疯了吧。"

从此，大家就不再称呼他的名字，而是叫他30万，意在嘲弄。就连他的制作人也视他为一个笑料，加入嘲弄他的行列。

他坦然面对，面不改色，但走出门来，泪水忍不住流出来。

表面上的坚强，不过掩饰内心的脆弱。虽说是十年行进，已经经历了不知多少次这样的戏侮嘲弄，但敏感的心灵却仍是不堪重负。

他哭着回去，进屋趴在床上，大声地号哭起来。十年呀，十年呀，我注定了就这么悲惨……咦，隔壁怎么还开着收音机，这大半夜里也不嫌吵得慌……竖耳倾听，隔壁人家的收音机里正在播送本周的冠军歌曲，王杰的《一场游戏一场梦》。

听清楚的确是自己的歌，已经于戏侮嘲弄之路走过十年之久的王杰，再度号啕大哭。

王杰的《一场游戏一场梦》销量突破了1 800万张。

07

王杰终于成功了。

他是冲出低洼地、冲向大海的众多螃蟹中的一只。

他敢于冲破命运的钳制。

如他所言，人生不可能被注定，一切取决于你的选择。你可能能力不足，可能不够聪明，但勇敢地选择，会让你体验到惊喜与激情，体验到跌宕起伏的命运，而这，才是我们来到世界的真实目的。

08

金矿里并不全都是金子，更多的是矿渣。"千淘万漉虽辛苦，吹尽狂沙始到金。"金子不是挖出来的，而是要淘尽无数的矿渣才得到的。

在甘肃学子魏祥面前，我们感受到巨大的冲击力。许多人，生活环境与现状不知比魏祥优越多少，却缺乏行动的勇气，丧失选择能力，让自己的心沦为海边水洼的丑陋蟹，卑微求存，不敢张扬自我的生命意志。

究竟是什么原因，让有些人放弃了自己？

村上春树说："有些人的心，是世界上最令人绝望的牢狱。那是他们囚禁自我的牢狱，并非被人凭借暴力关进去，是自己走进去的，从里边锁上牢门，亲手把钥匙扔到铁栏外的。"

世界上没有一个人知道，他被幽囚在狱里。

当然，任何时候他只要下了决心，就可以走出来，因为牢狱原本在他自己的心里。然而他不肯，却让自己的心变得如铁石一样坚硬。这就是有些人人生不如意的真相——你幽囚了自己。

09

来路或许不易，命运或许悲苦，但是请你足够相信，相信这个世界，相信你自己！

不相信自己的人，始终活在他人的评价中。正如海边的螃蟹，遇到恶浪和狂风，就骇得魂飞胆裂，忙不迭地逃往岸上安全之地，结果是局限了自己，沉陷于卑微无望的污泥中，每日里绝望地嚼伤自苦，活成了完全不是自己的样子。

此前种种，譬如昨日死；此后种种，譬如今日生。所有人，终将宣布旧我的死亡，终结那个长年活在他人评价中的卑微延续，而后在响亮的痛啼之中，开始自己的新生。

这一次，做自己的主人。

　　有意义的人生，不是一味惦念缺少什么，因求之不得而沉溺于苦痛之中，而是想一想凭现有的东西能做什么。生命给我们的馈赠远超过预期，之所以无能为力，只是放弃了自己，把命运的裁决权交给了别人。必须夺回自己，知道自己真正想要的，无非是自我生命意志的张扬。当这个目标在心中树立，一切外界的诱惑、喧哗、戏侮或是打击，尽如海风过耳，心不留痕。你的身体随风飘动，你的心情在红尘中起伏，但你的眼神温柔而坚定，心志坚忍如钢。只因你和自己在一起，纵千障叠峰，万里云雾，但再也不会在惶惑中迷失自己。

人生破局：看见看不见，知道不知道

01

看了一篇采访文章，很受震动。

记者采访了两个1980年考入大学的数学系学生。当年大学的录取比例只有8%，此二人堪称精英中的精英。

走过近四十年的人生路，两人的际遇如何呢？其中一个在美国混得风生水起，购置私产，隔壁邻居是前总统克林顿；另一位生活在闭塞乡村，衣食无着，全靠每月领取400元救济金，艰难生存。由于后者没有手机，与世隔绝，村委会送了他一部手机，他却充不起电，要到村委会办公室充电。

惊骇之余，冲出我们脑子的第一个问题是：是什么样的差别，导致曾经同在一个起点的两个人，渐行渐远？

人和人差异是很小的，这微小的差异或在于人生目标。

有些人目标明确，意志果决，千里望山不怕远，日进一步亦欣然。目标的感召赋予他们强韧的行进力，终将有望突破命运的束缚。

另外一些人却始终找不到自己的人生目标，如喝醉了的人，满脸困惑茫然，迫于无奈跟着潮流奔行，东一槌子西一榔头，比谁都努力，数他最辛苦，却总是被阻隔于主流生活之外。

为什么有些人找不到自己的人生目标呢？

02

人生迷茫，找不到目标——是因为他们不知道目标长什么模样。

譬如，一个男孩子生下来就待在一个封闭的环境中，不让他接触任何与女性相关的事物，连味道都不允许有，只有一群大男人围着他。等这孩子长大，你问他："孩子，你想找个什么样的姑娘相伴终生？"

"姑娘？"这孩子两眼迷离，"什么叫姑娘？是吃的还是喝的？我不知道。"

你急了："不知道可不行，这可是你的人生大事，必须想清楚。"

孩子不想还好，越想神经越错乱。

因为他生平没见过女孩，根本没有感性认知。除了茫然困惑痛苦，他不可能有别的表现。

这从未见过的姑娘，就是有些人的人生目标：太抽象、太空洞，缺乏现实质感，真的想象不出来。

比喻倒是蛮好，然而目标到底长什么模样呢？

03

人生目标，是个必须可以量化的结构体。这又是什么意思？比如说，你问一个孩子："你的人生目标是什么？"

孩子："……没有，人家好茫然。"

你："没有目标，就死定了。"

孩子："那我可以有，我要赚钱，赚大钱。"

你："多少钱算是大钱？我给你一块钱算不算？"

孩子："一块钱太少，我要成为世界首富！"

成为世界首富，就是目标的量化。

量化之后，我们继续问："孩子，你要成为世界首富，天天蹲在家里不敢出门，见到女生就往板凳下面钻，这可能吗？"

孩子："好像……有点难度哦。"

你："对，你要成为世界首富，就必须出现在未来最前沿的产业、最关键的位置上。你认为未来30年，哪个产业会异军突起改变整个世界？是人工智能，是区块链，还是生命科学？不管你认准哪个产业，这个产业一定是有结构的。周边是被彻底改变的社会与市场，底层是跟风者，底层之上是辛苦打工者，中层是白领管理，中层之上是战略制定层，而你需要居于最高点，才能赚到比其他人都多的钱。这个产业结构，就是你的目标结构。哪怕你只想赚一百万，也一定有这么个结构。"

04

万事开头难。

人生至难，莫过于目标的厘定。目标目标，以目示木。如果你看不到摸不着，当然是满心空茫两眼迷离，就如狗咬刺猬一般，无从下嘴。现在你知道了，第一关就算是过了。

05

然后是第二关，准备期或是目标拆分期。只要你的目标不是置自己于最不堪之地，那一定是在某个产业结构中有个位置。

你想站在这个位置上，就必须掌握立足该地的本事。

诸如，你想成为一个靠写字吃饭的作家，那就要大量阅读，喜欢的读，不喜欢的也得读；脑子里存贮了一定量的文字，然后是写，喜欢的写，不喜欢的也得写；再接下来要研究读者心理，写出最契合时代人心的作品；然后是出版系统，一本文稿如何进入编辑法眼，如何进入审编程序并最终进入印刷车间，再通过分销渠道与读者见面，这些都要懂。

这个过程就叫目标拆分。居于你目标之下的，都是你盘子里的菜。

06

然后是第三步，目标组装。这一步与第二步恰好相反，就是从理论设计到实操完成的过程。目标组装完成，是不是就可以坐下来开吃了？

错！此前三步是最容易的，是你可以蹲在小屋子里一个人完成的。这个叫事业的独立运行阶段，不需要看别人的脸色，完全取决于你自己。

第四步，真正的艰难才开始——博弈期！

就是说，你的事业必须获得市场认可，才能产生效益，带来让你把事业推进到底的资源。

诸如，你想成为作家，到这一步，你的书稿就算是完成了。这时候你要摊开辦碎了给大家看。大家说好，才是真的好。大家都说是垃圾，就你一个人抬杠是不行的。这时候你的事业要经过这么几个阶段，看不见，看不懂，看不起。纵然是你写出世界级的名著，可是大家仍不以为意，因为你是在创新，拿出来的是此前世上没有的东西，大家根本不理解，只会认为你精神出了问题，所以才要博弈。你的事业，需要跟公众的认知赛跑。需要在公众看见了、看懂了、看得起你时，你还活着，你才能继续玩下去。有多少悲剧英雄，倒在公众认知扭转之前——黎明前的黑暗！而更可敬的英雄，不玩背水死战的悲情，顺应认知规律，晴天备伞，陆地寻舟，事先准备好熬过凛冬的粮草，以大无畏的乐观主义精神，笑对公众冷眼。

鲁迅先生说"横眉冷对千夫指，俯首甘为孺子牛"，网友说"人生虐我千百遍，我待人生如初恋"，都是这个意思。

07

挺过博弈期，就迎来了春暖花开。

第五个阶段，市场认可期。鲜花来了，荣誉来了，此前骂你最狠、恨你入骨的人率先登门，紧握你的手说："要不是我在你最危难的时候扶了你一把，你现在都死几次了。人啊，你要懂得感恩。"

你忍着将对方拖进厨房宰掉喂狗的强烈冲动，满脸真诚地拥抱对方："谢谢，谢谢，没有你的支持，就没有我的今天。"

度过艰难困境，你就成熟了。不是不计较，只是不值得。然后是第六个阶段，资源聚合、事业辉煌期。你已不再是凡夫俗子，人中龙凤的标识刻在你睿智的脑门上。高不可攀的大人物，纷纷与你称兄道弟，寻求合作。所有人都认可你，只要市面网络之上，有一句机智的话语出现，大家第一时间把版权送给你，非说是你说的，你不承认大家就跟你急。

你踌躇满志，志得意满，睥睨天下，目无余子。忽然间，冷风袭来，把你手上比擀面杖还粗的雪茄，吹得直飘向大西洋。

聚集在你身边的人群，霎时消失了。只有一句阴森森的话语，自遥远的天际飘忽不定，若有似无：凛冬将至，你死定了。

物极必反，进入你人生事业的第七个阶段，熵极而衰，必须凤凰涅槃，浴火重生。在不断的进取中焚化昔年积成的旧自我，洗心革面，砥砺自强，迎接一个充满变化的新时代。

08

这就是人生事业的几个阶段。

难的是开端，是目标的认知。

更难的是中间博弈。

比这难上加难的是阶段结束，一切归零。

正常的人生，就是这样一个螺旋上升状态，否定，肯定，再否定。只有自己不断否定自己，才能应对市场对我们的否定，避免死得太难看。

这七个阶段，古老的《易经》开篇的乾卦，也曾有说：

第一阶段，目标认知期：目标不可见，人心两茫然，这叫潜龙勿用。

第二阶段，目标拆分期：依据目标拆开来的部件，做好能力资本的准备，这个叫见龙在田。就是环境不利，是龙你得盘着，是虎你得卧着。

第三阶段，目标组装期：这是独立工作最后一步，目标完成就要打开门，丑媳妇要见公婆，这个阶段叫君子终日乾乾。就是好紧张、好羞赧的意思。

第四个阶段，事业博弈期：你的工作终于进入社会认知环节，《易经》称之为或跃在渊。你以为自己一飞冲天，其实下面是个好大好大的坑。

第五个阶段，市场认可期：熬过艰难的市场博弈，你的付出终于有了回报，这个叫飞龙在天。随你撒欢。

第六个阶段，资源聚合期：你的事业到达极点，如日中天，随后就是太阳开始落下，正式进入衰退期，《易经》称为亢龙有悔。玩得太过，肠子悔青的意思。

第七个阶段，凤凰涅槃、浴火重生期：人生事业周期，顶多不过30年，所有人都要做好准备，二次创业，甚至三次创业，但这时候你已经足够强大，所以《易经》一言以道之：值此群龙无首时代，正是你大展拳脚之时，高兴起来吧！

09

人生艰难，是因为不知前路，不知规律，要懂得破局。

看见看不见，知道不知道。要能够把抽象的名词，具象化认知；要能够把具象化的现实，总结出抽象的原理；要能够把复杂的事儿，提纲挈领简单化；要弄清楚简单事物背后，极尽复杂的运行机理。

快乐的人生，就是在这七个阶段中，不断循环。你的目标你做主，你的事业你开创。人生一步也无法取巧，必须实打实地把属于自己的那份独立的、确定的工作做好。要对人性的认知抱永远的乐观，博弈固然繁复，但人心始终是向上的，渴望创出一番事业，对事业有成者始终心怀景仰。重要的是我们自己的认识，必须承认规律就是规律，万不可跟规律怄气，不可与人性顶撞。浮生若茶，破执如莲。止浮躁，定空茫，顺人性，循规律，看似刻板，实则一步见花开，步步燕归来。心存明月在，常照彩云归。如此绝美意境，才不负我们的激情人生。

有些苦难，你是不必承受的

01

网上有个讨论，出身对一个人的成长影响有多大？讨论的结果是，决定一个人成就的，第一是家境，第二是时运，第三是努力。

陈忠实的著名小说《白鹿原》被拍成了电视剧。在这部凝缩度极高的戏里，开场是两个年轻人白嘉轩与鹿子霖，相爱相杀，开始争夺族长职位——为什么是他们两个争夺？别人怎么就不插一腿？插不进来。

因为白嘉轩的父亲是现任族长，而竞争对手鹿子霖的父亲，则是现任族长最大的挑战者。这两个家庭是当地的望族，虽非书香之家，但自幼成长时父辈的耳提面命，让这两个人更有担当，更有野心，跟普通人家孩子不一样。这个叫家庭环境，它构成了每个人不同的起点。

02

电视剧《白鹿原》中主角白嘉轩笨口拙舌，傻乎乎的。对手鹿子霖却是心思玲珑，伶牙俐齿。单以实力而论，白嘉轩是居于下风的。但白嘉轩的运气更好些，他的姐姐嫁给了当地唯一的读书人，这就构成了他的知识平台。姐夫曾出门求学，见识极广，人脉也富足；更带着他闯过清兵大营，冒奇险，给了白嘉轩过人的胆识。超出于乡土的见识，让白嘉轩采取了极为大胆的行动，组织乡农搞了一场群体事件。虽然他遭到官方的事后清算，但侥幸生还，这个叫时运。主人公冒险取得成功，形成了他的人望。

出身与时运，把白嘉轩推到了族长的位置上。然而他发现——这个族长根本就不是人干的！狡黠的当地乡民与他们推举的族长斗智斗勇。没钱，他们就卖儿卖女，哭成泪人央求族长救济。族长帮他们赚到钱，他们就疯狂赌博，输得一干二净，甚至卖儿卖女，妻离子散，然后继续哭成泪人央求族长救济。

族长白嘉轩为恢复当地的淳朴民风，下令禁赌，并铲除乡民种植的鸦片，结果引来村民们的报复，骗他夜踹寡妇门，还差点一闷棍打死他。被人打了闷棍，手捂鼓起个大包的后脑勺，白嘉轩这才醒悟。

感叹领导不好干。你必须努力，你必须足够努力，才能比你所处的社会层级更有见识，更有头脑，才不至于随波逐流，痛苦不堪。你必须努力走出自己的认知层级，或是进入更高的认知层次，选择一个全新的环境，或者改变自己所居处的环境。在剧中，族长白嘉轩没办法离开家乡，在家乡他好歹是受人尊敬的族长，离开家乡就是一个无业游民了，所以他只能选择第二条路，创建学校，推广乡村教育，而这个过程之艰难，就构成了一部漫长的电视剧。

03

家境是我们的起点，时运是不确定的变数，而最终靠的是当事人的努力——努力之外的资本等于零——除了努力，你一无所有！

人生，如逆水行舟，不进则退。失去努力，人并非是停留在起点，而是朝深渊迅速地坠落。

只有努力的人才会与时运相遇，遇到更好的自己。不努力的人永远也遇不到好运气，因为时运只青睐行动者。

04

在另一部电视剧《欢乐颂》中，也有类似的主题或情节。剧中的几个女孩，安迪是其中最惨的，打小被抛弃，妈妈疯了，爸爸心狠手辣，这世界对她是满满的恶意。她只能靠自己，只能靠自己的努力。除了努力，她一无所有。最终她拼到华尔街金融女高管，回国来碾压剧中另外几个可怜角色。

安迪的人生之路是坚持不懈地读书，她的书架上排满了英文原版书，而另外几个女孩，屋子里只堆满了泡面和化妆品，连片带字儿的纸都找不到。

努力的安迪成为香饽饽。在爱情方面，安迪占据着绝对的主动，第一个男友魏渭，为表诚心，端出自己所有的财产，却被安迪如扔垃圾一样扔掉了；第二个男友小包总，其母为了让安迪成为儿媳妇，使出了各种稀奇古怪的手段，将安迪"折磨"得满脸幸福。

另一个角色邱莹莹，她扮演的是个憎恶读书的人。剧中有个场景，有个女孩搬了一箱子图书回来，邱莹莹见之，立即流露出厌恶神色，脱口尖叫一声："你有病啊，买这么多书干什么？"

不读书，心无所属，没有人生目标，邱莹莹就成了一个空心人。尽管她对爱情异常执着，实际上的心理动因，是她希望拿别人的人生填充自己生命的空白，但不肯努力的她，也只能停留在低档的认知层级，遇到的都是人品不好的男生：第一个男孩是骗子，欺骗她的感情；第二个更古怪，连她的感情都懒得骗。

邱莹莹有个让人毛骨悚然的细节，值得每个人看看。

邱莹莹凌晨4点起来，顶着凛冽的寒风，瑟瑟发抖地在站台上，登上一辆公交车，到达空无一人的长途客运站。孤独的她蜷缩在路边睡觉。夜风阴寒，无人长街，孤独的女孩，这一切都让人心疼，疼到心碎！

别再说人家邱莹莹不努力啦，她在吃苦，吃普通人都吃不了的苦。可她吃的究竟是什么苦？她是在跟踪不爱她的男人！当那个男人发现邱莹莹在跟踪自己时，差点没吓死。

有些人舍不得努力，是因为他们有种错觉，以为努力是吃苦。然而，努力并非是吃苦，只是人生成长的必然。相反，不努力的人才会吃尽苦头，吃正常人无法想象的苦。正如邱莹莹，因为没有人生目标，不读书，又不努力，所以她会做一些正常人无法想象的怪事，为此吃尽苦头，却毫无意义。

你要努力！因为除了努力，你一无所有！你要努力，不努力就会遭遇无数苦难，而那些苦难，你根本不必承受。

05

说了两部电视剧，再说个真事。

在法国，有个女孩，她的命运比《欢乐颂》中的安迪还惨108倍。她母亲是个村妇，遇到一个摇拨浪鼓卖货的货郎，两人未婚，就生下了她。她12岁时，母亲病死，父亲抛弃她，逃之夭夭。她流落到修道院的收容所，她渴望关爱，渴望美丽。但是修女们警告她：她是个罪人，没有资格享受这一切。修女们不允许她照镜子，禁止她打扮，只能穿最丑陋的黑色衣服。但即使是这样的生活，对她而言也算是奢侈了——而且短暂。18岁时，她被逐出修道院。无以为生的她，只好前往巴黎，做了一名女裁缝，但收入远不足以维持生计，在白天繁重的缝纫之后，她晚上还要去舞厅伴唱伴舞。

她的家境与时运都是负数。沦落于社会最底层，注定没有丝毫希望。

但是她说，生活虐我千百遍，我待人生如初恋："生活不曾取悦于我，因此我要创造自己的生活！"

但如何去创造自己的生活呢？

她惊讶地发现，这个世界，一如她所待过的修道院，人类虽然有对美的追求，却普遍缺乏美感。诸如当时的巴黎，仕女们都是戴着插满羽毛的大帽子，穿着从脖颈裹到脚的怪大衣。这种装扮很难看，却是仕女们最流行的服饰风格了。

她开始改变这个世界。

她戴的帽子，上面只插了一根羽毛。立即整个巴黎都震惊了：这样也行？她穿的大衣，露出秀丽白嫩的脖颈。霎时间，巴黎仕女疯了一样冲过来，团团围住她问："小姑娘，你这件大衣是哪个裁缝店定做的？"

"是我自己制作的，"她回答，"我就是把原来大衣的领子给撕掉了。"

世人趋之若鹜，投资商也纷纷跑来，她终于开了自己的第一家帽子店……而现在，整个世界因她而改变，无论是你，还是你身边的任何人，都知道她的名字：香奈尔。

可为什么是这个苦姑娘，能够改变自己与世界？

她说："最勇敢的行为，莫过于爱自己！"

06

人要爱自己。人只活一次，必须精彩。精彩的人生，肯定不是趴在起点，混吃等死，而是努力前行。

除了努力，你一无所有。不努力的人，疏离于自己人生的本质，会吃尽无数苦，遭遇无数的苦难。

07

有些苦难是不必承受的——只要你爱自己。勇敢地爱自己，就像《欢乐颂》中的安迪那样爱自己，像现实世界中的香奈尔那样爱自己。

家境是你的委屈，也是许多人的委屈。但家境不是你的人生，是你父母的人生。父母是你的人生起点，高于父母之上的，才是你的人生。如果达不到这个状态，就会备受煎熬，就会承受根本没必要的苦难。

爱自己的人，以生命尊严为至高价值，以事业成就为行动取向。爱自己的人，会让自己每天更优秀一点点，更漂亮一点点。爱自己的人知道，除了努力，自己一无所有，因为只有努力才会构成新的自我。而不努力的人，就会如《欢乐颂》中的邱莹莹一样，吃无数的苦，遭无尽的难，却只落得个两手空空，内心虚茫。

重复一遍，只有努力才会构成更优秀的你！除了自身的努力，世上的一切都不属于你。

书本中有个广阔的世界，但比书本世界更广阔的是我们的心。

我们的心要充满爱：爱自己，爱生命的历程，爱这个世界。爱是一种开放的情感，会让你心智澄明。所有影视剧中的主人公，无不是热爱自己的生命，渴望人生尊严。而那些在现实中取得成就的人，更是如此。因为爱自己，所以希望自己变得更好。爱自己的人始终会有一种持续努力的动力，因为他们知道，只有自己的努力才属于自己。没有人能够夺走你的努力，唯有努力才是属于你的个人财富。不努力的苦难，真的不必承受。做个富足的人吧，先给自己一个优秀的小目标，努力优秀的人有资格获得整个世界的艳羡目光！

别让人生赢在努力，却输在格局

01

我的朋友老高，一家文化公司老板，事业做得红红火火。

不料某日，遇到一起著作权纠纷。

老高与风作家是多年老友，关系好到无话不说，很自然，风作家的作品一直是老高策划出版，两人的合作基本上就是酒桌上一两句话敲定。

一直如此，多年无事。

直到风作家最近一本书大火，作为出版方的老高也赚得盆满钵满。

世界上的事情往往如此，不患寡而患不均，风作家看到自己的作品大卖，一时有些膨胀，自己寻思：我写的东西，让这个老家伙赚这么多钱，还天天跟我面前吆五喝六的……

想到就要做到，风作家一纸诉状，将老高告上法庭！

02

老高收到传票，顿时蒙圈，前思后想，才确定不是同名同姓的人告自己。

老高心里委屈，跟风作家合作多年，前面都是赔钱赚吆喝，终于熬啊熬，熬到了一本畅销书，还落个如此结局。

委屈归委屈，官司还得打。

事情的争议点就是：双方没有签合同，全凭好友感情，没有白纸黑字的约定，现在谁也说不清。

风作家义正辞严：你没有合同，凭什么出我的书，这是赤裸裸的侵权，侵我的著作权、侵我的署名权、侵我的各种权……

老高无奈，只能找律师聊聊了。

律师听了前因后果，拍桌而起，你这个官司好打啊，这分明就是口头协议，把出版过程中的聊天记录啊、稿件修改啊、转账记录什么的都找找，分分钟证明。

不出律师所料，上了法庭，风作家明显理屈。

看到如此局面，律师悄悄给老高出主意，既然已到这一步，没有合同约定，你就咬定了就是一次性买断稿费，谁主张谁举证，他们也没有证据，这样的话，嘿嘿嘿，以后你都不用再付版税，这书卖多少，都跟风作家没关系……

这回老高拍桌而起了，这怎么行，自己说过的话得算数，该多少就多少！

律师心里想，这个傻帽！

官司到此，法官心里面明镜似的，老高在被告席上，做了一把"实话实说"节目，风作家支支吾吾难圆其说，一眼就被看破。

判决如下：构成口头协议，原告败诉！

03

故事还没结束。

律师打完这场官司后，正好碰到个著作权培训活动，学员都是一些知名作家，律师拿这个官司当成典型案例，重点描述了他给老高的建议，虽然他把老高形容成了不懂抓机会的"傻子"。

学员们一次培训课下来，法律知识没记住，就记住老高这个人了。

谁说这社会都是黑心出版商了，这不活生生的就有良心老板吗？

几个人一商量，找他去。老高应接不暇。

故事讲到这，你该说了，这不还是好人好下场吗？多么眼熟多么传统！

其实，我更想和你们分享的是人性，是格局。

看一个人，不要在他一帆风顺意气风发时下结论，要看他在逆境中在挫折里在利益决断前作何取舍。

格局高下立判！

风作家不可谓不努力，十年磨一剑，才华终得认可，但在利益面前，输给了人性！

老高人性向善，在法庭上，腰杆笔直，有啥说啥，不亏心不占便宜，更不被人欺负！

这就是格局。

两个人都同样争取和努力了，但却因为格局高下而得到不同的结果。

格局，就是你的认知必须高于你所面对的问题。

格局小的人，在大格局面前，几如透明人。

——因为你的认知范畴，太过于狭隘。

纵然是苦心孤诣，终不过是在狭小的圈子里滴溜溜打转。你以为智珠在握，实则那点歪心思，全被人家看在眼里。

04

据说秦始皇统一六国后，常常四处出巡。每次出巡，车仗浩浩荡荡，威风凛凛。

当秦始皇巡游到彭城和沛县时，项羽在围观的人群中发出了"彼可取而代之"的豪言，刘邦则发出"大丈夫当如是"的壮语。

正是这两人，成了大秦帝国的掘墓人。

项羽是楚国贵族后裔，将门之后，年少时随叔父项梁起义，其战功卓著，后称西楚霸王。而刘邦出身农家，秦时任沛县泗水亭长，因释放刑徒而亡匿于芒砀山中，后投奔项梁。

曾几何时，刘邦和项羽惺惺相惜，义结金兰。作为抗秦楚军的两位大佬，在战斗中互为犄角，本是亲密无间的战友加兄弟。然而，楚怀王一道"先入关中者为王"的圣旨，却成了两位结义兄弟反目成仇的导火索。

项羽在其叔父项梁阵亡后，成为楚军的领袖，率领楚军所向披靡，创下了破釜沉舟、击败章邯、坑杀秦兵的众多战绩，之后又在与刘邦的楚汉之战里屡战屡胜，大有一统天下之势。可惜在垓下之战中，被刘邦击败，最终自刎于乌江。

05

和项羽相比，刘邦在武功、战略、人品上皆不如，唯独在心胸上比项羽宽。正是因此，让刘邦笑到了最后。

鸿门宴上，因为项羽的优柔寡断，让刘邦得以逃出生天。项羽也因此错过了得到天下的最好机会，亚父范增为此大骂项羽"竖子不足与谋"。

项羽是个直性子，见到秦始皇，直呼"彼可取而代之"。反观刘邦，则要含蓄得多，也要深沉得多，只说大丈夫应该这样，并没有说我一定要做秦始皇。正是由于这个个性，鸿门宴上他才能够屈身应付。在被封汉中后，刘邦烧掉栈道，以示无志再出，无意天下。楚汉相争时，两军对阵，项羽捉住刘邦父亲，项羽为使刘邦撤兵有意要烹杀（也就是煮了）刘邦老父，刘邦则说你我原为兄弟，我的老爸即是你的老爸，如果你决意要煮了老爸，别忘了要分一杯羹给我。项羽见刘邦耍起流氓来，自己也没脾气，只好把刘邦父亲给放了。

06

刘邦与项羽的格局大小在许多方面都有一比，尤其体现在用人方面，而这又往往是决定成败的关键因素。

刘邦功成名就之时不无自得地说，论运筹帷幄之中，决胜于千里之外，我不如张良；论抚慰百姓，供应粮草，我又不如萧何；论领兵百万，决战沙场，百战百胜，我不如韩信。可是，我能做到知人善用，发挥他们的才干，这才是我们取胜的真正原因。

而刘邦手下的众多杰出人才，大都来自项羽麾下，韩信就是其一。

至于项羽，他只有范增一个人可用，但又对他猜疑，这是他最后失败的原因。

四年的楚汉相争，项羽历次的战役几乎是每战必胜，而刘邦则是屡战屡败。但是，项羽的每一次胜利都导致自身力量的削弱，而刘邦在每一次战役失败后却都能东山再起。项羽的眼光只看到眼前的战役胜败，而刘邦的心中装着的却是战争的全局，他不在乎一城一地的得失或一战的成败。

最后，垓下一战，项羽"奈若何"，拔剑自刎；屡战屡败的刘邦则笑到最后，纵论得失。

格局决定了一切。

07

庄子曰：北冥有鱼，其名为鲲。鲲之大，一锅炖不下……不对，鲲之大，不知其几千里也。化而为鸟，其名为鹏。鹏之背，不知其几千里也。怒而飞，其翼若垂天之云。是鸟也，海运则徙于南冥。

接下来，大鹏鸟飞过一处，下面有只猫头鹰，它刚刚才通过自己的一番努力，逮到了只死老鼠。见到大鹏鸟，猫头鹰愤怒地捂住自己的死老鼠，大声喊道：滚开，不许抢我的猎物，不许抢！

大鹏鸟懒得和猫头鹰斤斤计较，摆摆头，振翅远去。

庄子讲的这个故事，是告诫我们后世人：做人呢，必须得有大的格局。格局太小的人，再怎么努力，也无法展翅云霄，鹏程万里。

08

很多时候，你跟别人一样付出了，努力了，奋斗了，可是为什么，得到的却只是小赢小胜，难成大器？

只因为你输在了格局！

每一粒种子，有阳光、土壤和水都会努力生长。但是，这粒种子种在花盆里，它只会是盆栽；如果是在森林中，它就能成为参天大树。

所以，努力能够让你成长。而成长的最终结果，取决于格局。

唯有大格局，才能够让生活中的鸡毛蒜皮无足轻重，不至于让我们沦陷于生活的琐事之中。

唯有大格局，才能让我们目光长远，不为眼前寸利羁绊，快马加鞭，开创更为壮美的人生。

第 三 章

·
·
·

和这个世界如何相处

·
·

常存单纯之心，深味复杂人性

01

鲁迅先生曾摘译过一句话："常存单纯之心，深味复杂人性。"短短12个字，勾勒出人性的境界与世相的繁复。单纯是解读心灵的一把钥匙，让我们走出困惑，获得幸福与快乐。

02

拦江书院有位学士讲他们单位有位同事，极有爱心。有次单位聚餐，大家准备出发，同事却去找老总，说："老总，这次聚餐，请大家不要吃肉好吗？"

"不吃肉……"老总问，"……为什么？"

怪同事说："吃肉杀生，有损阴德。难道你希望来世托生为猪吗？"

"我托生为猪……"这话说的，老总听了简直要跳楼，想撞墙，又不好直接怼回去，应付道，"你的建议我支持，可有些人无肉不欢啊。"

怪同事双目炯炯地说："都谁无肉不欢？我去度化他。"

老总说："除了你，全都是无肉不欢，你得抓紧时间度化，大家马上就出发了。"

度化未果，大家出发。临到聚餐时，怪同事又出幺蛾子。他们是在一个农家乐饭馆聚餐，大碗肉大碗菜，环境幽雅。美好风景，人喜欢，蚊子也喜欢。嗡嗡嗡，一只蚊子飞来，落在老总的秃脑壳上。老总手疾眼快，"啪"的一声，把蚊子拍死了。怪同事震惊了："老总，你杀生了！"

老总气笑了："这是蚊子，它要叮我……"

怪同事："谁说蚊子要叮你？它只是喜欢你，才落在你身上。蚊子也是有人性的，通情达理，善良温柔。你不伤害它，它怎么会叮你？"

"你……"老总仰天无泪，闷头喝酒。

万万没想到，又飞来几只蚊子，叮上了怪同事。

怪同事身上迅速起了几个包，他想假装淡定，但瘙痒感让他无法矜持，先是小动作，最后肆无忌惮地挠起来。蚊子越来越多，怪同事挥手驱赶，突听"啪"的一声，他拍死一只蚊子。

"哗——"冷眼旁观的众人，齐声叫起来，"你竟然杀生？"

"我……"怪同事茫然看着手中的死蚊子，"想不到啊想不到，善良的蚊子之中，竟然也有奸恶之辈。"

"哈哈哈——"大家齐声欢笑。

有些人，正如这位怪同事，他们思想肤浅，心思简单，固执地要把自己的主观想象往这世界上扣。

他们说，你简单，这世界就简单。听起来好有道理，但实际上，你简单，世界就简单，是浸透了人性认知与规律洞见的智慧。头脑简单的人，还需要走过漫长的路，才能抵达这个境界。

03

思想肤浅，心思简单，多是涉世未深的少年。但少年拥有未来，拥有成长。可成长也不是瞎长，有的孩子长着长着就长歪了。

最近有篇微信文章，讲的是美国教授控诉他和一名留学生的认知差异。

教授说，这名学生从网上复制了一篇文章，拿给教授，说是自己的论文。可按学校规定，论文中有7%与别人发表的文章相同，就是抄袭。学生作业雷同率较高，这就尴尬了。教授没有向校方报告，希望学生自己改正，就没事了。可万万没想到，不依不饶的反而是这名学生，他非要教授承认下载复制也算原创。教授无法接受，只能请他走人。

这名学生就是长错了长歪了，长成了思想肤浅，心思却复杂的人。他想用复杂的心玩弄心思简单的教授，却没想到，这想法未免太简单了。

思想简单、心思复杂之人，常有惊人之语。诸如，网上时常谈及美国大学里的歧视现象。在美国，学霸是遭受歧视的，最有地位的是体育尖子，次之是社交型人才，再次之是特长生，而学霸只能垫底。

于是就有人说此乃美帝阴谋，就是为了让平民的孩子玩玩玩，浪费大好光阴，而中产孩子却暗度陈仓，完成自己的学业。

这种说法，就是典型的思想肤浅、心思复杂。实际上，美国的校园内之所以出现这种歧视等级现象，不过是与教育本质相吻合。年轻人走入社会，需要强大的合作能力，需要遇到挫折不气馁的意志，更需要面对困境无所畏惧的勇敢精神，而这些没有一样能在书本中学到，年轻人想要学到这些书本之外的知识，必须积极参与到社会实践活动中。

比知识更重要的是一个人的社会适应能力，这就是社交型人才居于第二层的原因。特长生居于第三层，因为他们有效发挥了自己的天赋，认识了自我。

体育尖子生、社交生与特长生，也未必就不是学霸。真正被鄙视的，多是些照本宣科，缺乏合作能力、适应能力及天赋不明者。这些孩子如果不明了学习的本质，就无法摧毁加于己身的不公歧视。

04

思想止步不前，心思却百般盘算的人，在遭受许多挫折后，也会慢慢成熟。于是，他们就成为思想成熟，但心思复杂的人，就是想得太多，活得极累。

心学讲武堂上，有位老板曾讲他是诸多同学中事业规模最大的，而且他念旧，每年都要张罗同学聚会，有心找机会帮助那些急于发展的同学。

同学会前两年还颇具规模，第三年人数就少了一半，到了第四年，居然再也没人来了。

老板伤心又郁闷，几个同学不来那是他们的问题，全都不来，铁定是自己这里出现问题了。

于是老板打电话给当年最要好的同学，追问情由。问了半晌，对方吞吞吐吐地说："还真不怪你，怪只怪……那什么，咱明说了吧，你事业有成，可是我们现在太窘迫，不好意思见你。"

"你窘迫……窘迫就得找机会发展呀！"老板气哭了，"我是有钱人不假，可好歹咱们是同学，别人不肯帮你们，我还不肯吗？我主动要求帮你们，可你们却……"

都已是明理的成年人，却心思迷乱，把事情想得如此复杂！

05

伊莎贝拉·阿佳妮在法国电影界声名显赫。一次，阿佳妮一家三口去餐馆就餐，侍者递上菜单，不料三个人的口味全无半点交集，这饭就没法吃了。

丈夫要求投票表决。阿佳妮立即拉拢儿子，许诺优厚条件，要求儿子支持自己。阿佳妮以两票的绝对优势击败老公，夺得点菜权。而后，她像个天真烂漫的孩子，欢快地笑起来。

经历了如此漫长琐碎的人生，却仍葆有孩子的天真，这才是人生的至高境界：思想复杂，心思简单！

06

成体系的是思想，日常表现是心思。思想要深刻，非唯深刻的思想，不足以洞穿世事的表象，发现抽象的本质，获得源自内心的快乐。

心思要简单，简单的心思是智慧的积淀。诚如智者所言，毋意，毋必，毋固，毋我。不主观，不武断，不固执，不臆测。不把一个多变的世界确定化，才不会让自己遭遇太多波折。

07

这个世界其实很简单的，但有些怪人总是把简单的事儿弄得极复杂。五百年前，大智慧者王阳明先生说"无善无恶心之体"。初始，每个人都是思想肤浅、心思简单的。在这阶段，只要研习事物的规律法则，思想日趋深刻，始终保持童心，就能够获得快乐、幸福，获得人生成就。

然而，王阳明先生又说"有善有恶意之动"。总有些朋友，很努力地搞错方向，思想止步不前，心思却千奇百怪，复杂多变。没办法，王阳明先生只好继续说"知善知恶是良知"。该复杂深刻的是思想，应该保持纯净的是心思。最后，王阳明先生说"为善去恶是格物"。格物，就是认真分析事物内在的规律法则，同时驱散心思中那无尽的迷乱，恢复初始状态的明丽纯净。

　　畸形的比较，汹涌的欲望，焦灼的心态，无意义的奔波与劳碌……所有这些，都只是表象的沉迷，不应该羁绊自由的心。

　　人生很窄，得失只在方寸间；人生很宽，成败犹在千里外。这前半句，说的是思想之深刻，差之毫厘，谬之千里；这后半句，说的是心思的明净，退后一步，海阔天空。古往今来，越是伟大的智者，越是活得轻松惬意。相反，庸众则总是疲惫不堪。只因为后者的心，迷失了方向，失其主宰，总是把时间与精力耗费在无意义的事情上。这样的人，一生在努力，时刻在打拼，但只落得个两手空空。"莫听穿林打叶声，何妨吟啸且徐行……回首向来萧瑟处，归去，也无风雨也无晴。"人世间，原本平坦如砥，风雨只在你心中。应扪心自问，回归自我，重定目标，再次出征。此后的人生，才会如预期的举重若轻，步履轻盈。

你哪来这么厚的脸皮，要求别人的原谅

01

台湾一所小学举办毕业33年后的首次同学聚会。在会上，全班同学向当年欺负过的女生道歉。

33年前，在这所学校里，全班同学快乐地合伙欺负这个女生。比如，在她坐下时突然抽走凳子，看着她摔在地上而大笑；辱骂她是个私生子……

张抗抗曾有部小说，写一个小伙子用尽手段算计一个独居的女人。小说结尾，女人在极度屈辱中，脸孔扭曲，似乎在问："你这么年轻，为何如此残忍？"作者以年轻人的口吻回答："正因为我年轻，所以才残忍！"

33年前那些残忍的孩子回来道歉了，但我们的人生是用来原谅别人的吗？

02

说个禅家故事：有位年轻人，去找禅师问道。途中，看到一头牛被拴在树上。大树四周是繁花绿草，牛儿真的好渴望去吃草，可是它转来绕去，无法摆脱绳索，只能"望草兴叹"。

见到禅师，年轻人说了途中所见，问道："什么叫团团转？"

禅师笑答："皆因绳未断！"

禅师道："你问的是事儿，我答的是理。一理通，则百事明。"

想不明白道理，你的人生就会如牛一样被拴于柱桩之上，纵使忙乱一生，却永溺苦海，终无解脱。

天空辽阔，大地无垠，有些人却失去翱翔的自由与快乐，只因为他们的生命被一根绳子牢牢拴死。

03

我的人生，不是用来原谅别人的！是用来追求快乐，寻觅幸福的。

所以，我绝不会成为一头牛，被仇恨的绳索拴在大树上。四周有鲜花，有绿草，清风徐来，明月在天，而我只能啜饮着昔年的苦痛，无休无止地折磨自己，沉溺于地狱之中而无力自拔。

你们只不过是在昔年路上，绊倒过我的泥坑，刺伤过我的毒棘。那绊倒很惨烈，那毒刺刺入心里真的很痛！有些泥坑，深到会摔死人的！有些毒刺，是要命的！没有被摔死，没有被刺死，不是你们心慈手软，而是我人生的幸运和偶然。如果被毁灭，凶手就是你们！而侥幸生还，却与你们无关。

你又哪来这么厚的脸皮，要求别人的原谅？

04

聪明的牛，不会把自己拴在桩柱上"望草兴叹"。正常的人生，纵然是跌倒了，也不应该把泥坑挖在心里，让自己沉陷其中。纵然是被毒刺扎到，也不应该再把毒刺抓在手里。我有自己的路，有自己的人生、家庭、孩子与幸福。所有的这些，都与你们无关！所以我选择不原谅，更不会变态到谈论感恩。我为什么要原谅那些处心积虑，在我人生路上挖坑的人？我为什么要感恩恶意伤害我的毒刺？

坑是用来跳过去的，毒刺是用来踩在脚下的。所有这些经历过的，都是过往的不堪。在遥远的未来，还有着更多美丽的期待，更多温馨、温柔与温情。我到底有多变态，要丢下这些美丽与温柔，重返旧路，去对一个坑、一根毒刺说原谅？

你我本无缘。是你邪恶的心，用残酷的手段，强行摧毁我，把我拖入你的人生。从此各安天命，各行各路。不挟恨，不原谅，才是人生常态。

05

东西方文化有个共同的主题——"宽恕与原谅"。世人对待被伤害者，向来是高标杆严要求：我可以肆意地伤害你、毁灭你，但你不可以抱怨，不可以吭声，而且要发自内心地原谅我对你的伤害。原谅的态度差一点点，都表明你的心胸不够宽广。却没人认真地问一声："我们为什么要选择宽恕？为什么要选择原谅？"

孔子曾经说过："以德报怨，何以报德？"如果原谅那些曾伤害过你的人，就等于伤害那些待你有恩德的人。一个人要何等的下贱，才会对伤害者奴颜婢膝，却对恩德者横眉冷对？

东西方文化中的"宽恕与原谅"精髓，不过是别让仇恨拴住自己，别让自己的心蒙受因挟愤而带来的二次伤害。

宽恕与原谅，与伤害者无关！我宽恕，只是为了让自己的心从仇恨的毒焰中解脱出来。我原谅，只是为了让自己的幸福与快乐不受到邪恶的污染，只为自己而活。

这才是"宽恕与原谅"的本义，这才是人性至高智慧的升华。我们能够走到今天，是因为那些爱我们的人以无尽的付出，成全了我们。对于这些爱，我们终生感怀，必须活得开心、快乐和幸福，才不会辜负这些爱。是爱成就了我们，而非邪恶的伤害。那些伤害我们的人，只有他们自己才能拯救自己。除非他们踏上救赎之道，否则甭想从我们口中听到半个字儿的原谅！而我们所能做的，只是在伤害中拯救自己。要避免自身的二次受伤害，我们必须扩张自我的人生，让我们的心有容乃大。当我们人生足够富足，往昔的伤害就会降到若有似无的地步。这一切，只是为了那些爱我们的人。他们与他们付出的爱，才是我们最应该珍惜的。

过得不开心，那就来听听这个故事

01

孟子说："劳心者治人，劳力者治于人。"孟子还说："治于人者食人，治人者食于人。"什么意思呢？这世上的人，有人会动脑子，有人就不太会动。会动脑子的人，活得轻松自在，快乐逍遥，岁月静好，现世安稳。不太会动脑子的人，活得就有点累，他们的岁月一点也不静好，现世始终不稳，只能陷入深深的焦虑之中，看不到前途与希望。

这种现状真的不公平。但人是智慧物种，有脑子偏偏舍不得用，犹如一个人有家财万贯却舍不得吃喝，把自己活活饿死。就此意义而言，先是我们不公正地对待自己，才得到一个不公平的结果。

然而，到底什么叫会动脑，什么又叫不太会动脑呢？

网上有个故事《职场上别太善良，新工作干了两个小时辞职》，讲述了一位青年终于找到了工作，不过是个文员，薪资极低，虽不致饿死，但绝对吃不饱。

第一天上班。公司晨会，作为新员工，主管让青年自我介绍。青年站起来，介绍了自己。

介绍完后，正要坐下，不知是谁多事，提议让青年表演一下才艺。当时青年心里就怒了：表演你大爷，我不过是个文员而已，还需要给你们舞刀弄枪吗？当即拒绝。

不曾想，大家非逼着青年表演不可。青年坚决不肯，双方铆上了。最后，又不知是谁出了个损主意，说："青年啊，你不会唱不会跳，要不干脆学一声狗叫，狗叫你总会吧？"

此言一出，诸人纷纷附和："对呀对呀，学一声学一声，让我们听听。"

青年感觉受到了十二万点的伤害，忍耐到了极限。

他说："要叫你们叫，老子不奉陪。"

言毕，青年破门而出，头也不回地离开了这家公司。

从进入公司到辞职走人，不过两个小时。

02

青年原本就不想接受这份工作，只是个小小的文员，工资也不高。他进入公司之初，就已经愤懑满怀，就算晨会上没人叫他表演才艺，日后的工作中，他也照样会和人发生冲突，因为他心中充满怨气。但如果他心里没那么大怨气，当大家让他表演才艺时，他随便给大家讲个网上看来的笑话，哈哈一笑就过去了。但他心里没有笑话，只有悲愤。再接下来，当有人让他学狗叫时，他可以立即学着对方说话，然后说这就是狗叫，这样将出损主意馊点子的同事，一下子打成狗，又能赢得其他同事的欣赏与喝彩，多好。

无论是说笑话，还是戏辱居心不良的同事，都不需要多费脑筋。固执地与所有同事对抗时，脑际里万千念头，纷至沓来，反倒会把人累得半死。

03

同样是用脑子，效果是不一样的。有一种用脑的方式，简便灵活，不需要费多大力气。这类人如武学高手，面对棘手情境时，会有上百种变招应变拆解，他会下意识地选择一个对自己最有利，对他人最有效的招数。一击不中，变招迭出，会立即做出调整。

另一种用脑的方式，就如同只会做一道菜的厨子，无论在什么场合，无论遇到什么事，只会端出同一道菜，只会本能地做出单一反应。要不就是气苦于心，一声不吭；要不就是攻击性的回应。他们只会单调地重复，不知变通，从未意识到自己还有其他选择。

前一种人，就是孟子所说的劳心者；后一种人，被孟子称为劳力者。

04

劳力者更劳心，他们大脑的激烈运行，远比劳心者消耗的能量高。因为劳力者的思维运转，不过是在运行一个无限循环的死程序，他们永远也走不出去，只会把自己活活憋惨。

两种差别性思维，生活中比比皆是。比如说，被暗中喜欢的女生问：你喜欢什么样的女孩呀？后一种思维会说：我要求不高，你这样的就行了……而前一种思维则会说：我的要求很高，至少也要你这样的。

前一种思维，会赢得美女芳心，抱得美人归；后一种思维却会引起美女厌恶，沦为单身者。然而这两种思维，差别究竟何在呢？

05

有一项能力，被几乎所有人忽视：同理心。什么叫同理心？指的是从另一个人的角度来体验世界，重新创造个人观点的能力。同理心，又被称为社交智力，是情商与智商交互运作的行为表现。情商再高，也只会生出同情心，仍然是从自己的角度看对方的问题，不过是隔靴搔痒，隔岸观火。必须再融以智力因素，彻底转变到对方的角度，才能知道对方的心理感受。

06

同理心是可以训练培养的。网上有个很有名的故事。有两户人家，相交极好。一户人家生了个男孩，另一户生了个女孩，两个孩子从小玩在一起，一起手牵手上小学，双方父母互相开玩笑，说将来结为亲家。

但花不常开，月不常圆。两个孩子原本好好的，忽然有一天闹起了矛盾。起因是小男孩下课后，乐颠颠地去找女孩玩，可是女孩正跟小伙伴们玩女生的游戏，就对男孩一挥手："走开，别在这里捣乱。"

男孩当时就震惊了，感觉自己受到了伤害。这时候一个小伙伴过来鼓动他："哼，有什么了不起的，还以为谁稀罕她呀？哥们儿，你要是个爷们儿，就过去和她绝交！"

男孩被伙伴一激，真的走上前去，对女孩大声说："哼，你个丑八怪，有什么了不起的，以后别想再和我玩！"

两人决裂之后，男孩却没有感受到轻松，反而极度沮丧。他意识到自己错了，又不知如何弥补。放学回家后，母亲问起来，男孩就吞吞吐吐地讲述了事情的经过。

他母亲听后大吃一惊，立即给女孩的父母打电话，得知女孩回家后，也是神情沮丧，闷闷不乐。

于是男孩的母亲开始弥补，对男孩说："孩子，我知道你喜欢她，可是你想一想，如果她骂你是丑八怪，并说再也不跟你玩了，你心里会怎样？"

"会很难受。"男孩低头说。

这就对了。母亲说："如果你被伤害，心里就会难过，别人也一样。再想一想，你被伤害后，最渴望的是什么？"

"是对方认错，道歉。"男孩回答。

"不对，"母亲提醒男孩，"认错道歉，并不能弥补你心里受到的伤害。受伤的人真正渴望的是，对方会记得这次伤害，永远也不再犯同样的错误。"

事后，男孩在妈妈陪伴下买了一束花，当着全班同学的面向女孩承认错误，并获得了女孩的原谅。

07

这位母亲对孩子所说的话就是同理心教育。为什么你没听说过这个故事？你没有听说，那是因为同理心教育与你的认知圈子是不兼容的。简单来说，当这个故事进入你的认知圈子，第一时间遭遇到劳力者思维，一些人会在心里惊呼起来：哎呀，这不是早恋吗？赶紧屏蔽掉，千万别让我家孩子看到！

就这样，同理心教育及常识，在我们的认知之中就缺位了。

于是我们培养出来的孩子，如那位上工两小时就辞职的青年一样，要学历有学历，要知识有知识，但即便有这高大上的学历与丰富的知识，从他脑子里端出来的始终是同一道菜，始终充满了困惑、悲愤及对抗情绪。

08

拥有同理心的人，始终有无数方法化解僵局。

在综艺节目《奇葩说》中，有位选手出场，表现明显有失水准，遭到一位评委的贬斥，现场气氛顿时冷落下来。于是何炅出场，替选手解围。

"我对你有一种特别亲切的感觉，因为我来这儿之前，也是紧张到不行。"然后何炅又说，"你把一种特别正能量的、有抱负的紧迫感，表达成了一种哀怨的慌乱感。我觉得你做的事情其实挺好的，希望你能学会举重若轻。"

短短几句话，何炅高抬节目，维护了出口伤人的评委的自尊，又把自己置于选手的位置上，能够同时顾及所有人的感受，这就是同理心思维。形成这种思维并不难，只要我们愿意放弃固执。

形成同理心的第一步，说服自己，别再固执；

第二步，放松情绪，情绪是智力杀手，你有多大情绪，就失去多少智商；

第三步，知道每个人都不容易，都是陷入自己的认知闭环中，无可解脱；

第四步，愿意了解他人，知道身边的每个人心里最渴望的是什么；

最后一步，放弃攻击别人的意图，体谅对方的艰难与痛苦，拒绝因为自己一时快意的伤害，带来长年不息的深深怨怼。当我们走到这一步，就距离慈悲的智慧不远了。

事实上，我们在这世上的所有艰难，都是因为自己缺乏同理心，不能够体谅他人之痛，不愿意照顾别人情绪，结果因为一时的快意，带给对方心里持久的敌意。于是我们陷入对抗情绪之中，言谈举止，相互羁绊。我们活得累，活得苦，活在悲哀与愤怒之中，却始终走不出来。所以佛陀说回头是岸，就是告诉我们放弃对抗情绪，走出钻牛角尖式的死循环。这时候我们的心就会豁然开朗，此后言行，率性由心，但因为饱含慈悲与善念，就会为我们带来广阔的自由空间，带来安宁、平和与幸福。

有些事儿永远不要说，心里明白就行了

01

电视剧《甄嬛传》里有个小细节。甄嬛刚入宫，就发现杀机四伏，凶险异常，果断决定装病避开皇上，以免惹上麻烦。结果她的宫室门可罗雀，冷冷清清，员工纷纷跳槽，宫里的行政后勤财务也拿她们不当回事，各种欺凌侮蔑。

然而，别人哭着喊着求约，皇上都不乐意，愣是挖地三尺，把躲在一旁享受清静的甄嬛给挖出来啦，于是甄嬛大红大紫。以前欺侮过甄嬛的人，赶紧跑来献殷勤。甄嬛身边的小丫鬟看不过眼，就出言讥讽。甄嬛看到，疾声喝止，并说："有些事儿，心里明白就行了，不要说出来！"

记住这句话吧：有些事儿，心里明白就行了，不要说出来！

如果这辈子活得不开心，未必是做错了什么，可能是说错了什么。可是，哪些事儿心里明白却不能说，哪些事儿又可以说呢？

讲个电视剧都拍不出来的职场情仇的故事。

退伍兵老李求职时找了一家小公司，但这家公司很快就做大了，高端人才纷纷进入，老李没文凭没学历，好尴尬，只能步步后退，退到后勤，再退到库管。

老李不爱吭声，看似在公司里也没什么地位。在大老板面前，他却是为数不多能够说上话的元老级员工。

但他低调，从不炫耀自己与大老板的私密关系，只闷头干活。有一天，老李看到一个年轻小伙子蹲在公司楼外的角落哭。老李心想，这个男孩年纪轻轻的，这么好的天气，哭什么呢？

老李动了恻隐之心，过去询问。这个二十岁出头的小伙子，抽抽泣泣，半晌才把话说清楚。原来这小伙子走投无路了。小伙子家境贫寒，学业艰难，好不容易毕业了，求职又成了天大难关，投递上百份简历，也没个回音，唯独老李所在的这家公司，给个面试机会，可还没说上几句话，就给拍死了。小伙子山穷水尽，求职不成，连回程的车费都没有。

听完，老李想起自己当年的情形。他心软了，就对小伙子说："你先别急，我呢，虽然灰眉土眼，但在公司人力资源部好歹有个亲戚。等我跟他说说，看能不能再给你个机会。"

小伙子不住地感谢，就差跪下磕头了。

老李并没有什么人力资源部的亲戚，只是认识大老板。之所以不说，是因为说了也没人信。虽然没人信，但老李知道，大老板会卖他这个情面的。

拨打电话，谎称走投无路的小伙子是自己的亲戚，求职未遂。大老板未等听完，就立即要那小伙子的姓名电话，然后告诉老李："孩子的事儿，不用你管了，我会照顾他的。"

小伙子进了公司，成为大老板的亲随，一飞冲天。历练一年半，大老板把他放到了人力资源部。一到任，小伙子就大展手脚——把人力资源部工龄一年半以上的全部开掉。

然后小伙子点灯熬夜，起草了一份提升公司员工素质的报告，要求开掉学历低于本科的人员，解聘人员名单上第一个就是老李。

大老板看到报告很是困惑，就拨打老李电话："怎么啦，老哥，想回家养老啦？回家跟我说一声啊，干吗让孩子这么弄？"

"……没有呀，"老李也蒙了，"我在这儿干得好好的，没说要走呀。"

大老板把老李叫到自己办公室，给他看小伙子起草的报告。当时老李心里，困惑多于痛苦，迷惘多于愤怒。

这奇怪的孩子，一朝得势，先把人力资源部的老员工全灭了。谁都看得出来，他是要辞退老李在人力资源部的亲戚，然后又要赶走老李！可这是为什么呀？

事后，老李把这事讲给别人听。

可听到这事的人，第一反应是："这怎么可能呢？肯定是你有什么问题，你好好反思反思。"

"我反思……"老李气结，"那熊孩子，终究是不堪造就，大老板早就烦透他了。之所以一直没辞退，只因以为他是我亲戚。后来放他到人力资源部，就是想把他搁一边。不料他一到人力资源部就整事，所以大老板弄明白究竟原委，才知他人品有问题，当即把他开掉了。"

"那还是你有问题，"听这事的人仍然不肯信服，"说到底，还是你老李做人太失败，好不容易帮人家一个忙，却不能善始善终。你说你到底是怎么做人的？"

"你……这事儿还都怪我了！"

老李气到头晕。老李不该气的。他不知道，他踏入了一个心里应该明白但嘴上绝对不可说的人性陷阱。

02

人性中有个坑，是个陷阱，刻写在灵长类的基因里。地球上还没人类的时候，先有了这个坑。

耶鲁大学有三位教授，分别是文卡特、陈基斯和洛里。他们长期关注这个人性中的坑，为此申请了一笔巨款，乘直升机进入南美雨林，开始了严肃认真的科学研究。

他们逮到一群卷尾猴，然后教育这些卷尾猴学会花钱。文卡特是银行家，每天分给猴子们固定的硬币。陈基斯和洛里是卖家，在猴笼里摆摊卖苹果片。

只要卷尾猴把硬币拿给陈基斯或洛里，就会得到一片苹果。很简单的实验啊，为什么动用两位大牌学者摆摊呢？如果猴子来到陈基斯的摊前，陈就会拿出一片苹果——只有一片，绝对不会让猴子看到第二片——递给猴子。如果猴子来到洛里的摊前，洛里就会拿出两片苹果，让猴子看清楚：看清楚，我这里有两片苹果哦。但炫耀老半天，就只给猴子一片，另一片揣起来。

一枚硬币一片苹果，两人售价是一样的。

但过了一段时间，猴子们看到陈基斯就会热情地围拢过来，勾肩搭背，搂脖子抱腰，视陈基斯为自己的同类，看到洛里却个个怒目而视。

这又是为什么呢？无论是人还是猴，都有个共性：厌恶损失（Loss Aversion）。

不关注自己得到的，只关注自己没得到的或损失的。

猴子们在陈基斯的摊位前，一枚硬币只见到一片苹果，没有见到损失，果断认定陈基斯是个实在的人。而在洛里那里，明明见到两片苹果，却只得到一片，这让猴子们感觉自己失去了一片苹果，因此讨厌洛里，认为此人不实在。

同样，得到退伍兵老李帮助的年轻人，对自己得到的无感激之情。当他一飞冲天，成为传说中大老板的亲信时，并不知道老李与大老板私下里是朋友，只以为是个人力资源部的小职员帮助了他。

这时候的年轻人心里很虚，生恐让一个地位过低的库管降低自己的档次。

源自动物时代的厌恶损失，让他极力撇清与库管老李的关系，表明自己是个有品位的人。所以当他进入人力资源部，立即着手清除想象中的老李亲戚，因为他不想与此类人为伍，然后再清除老李，以此证明他很有格调。这就是人类社会所说的恩将仇报，或是心理上的欺凌行为的原始动机。遭遇负恩反噬的，多是被对方看低了你的价值。

得意时考验自己，失意时考验朋友。这话的意思是说：得意时，自己很动物；失意时，朋友很动物。

03

可为什么当老李与别人倾诉此事，却不被理解呢？因为涉及人类动物性的事儿，心里明白就行了，不能说出来。

因为人终究是人，不愿把自己与卷尾猴相提并论。凡是涉及人类动物性的讯息，都会引发心理排斥与生理厌恶，以这种本能维护整体人类的脆弱尊严。因此，即便做出了就连动物都鄙视的事情，但当事人却泥足深陷，难以自拔。

04

热情真诚地帮助每个人吧，毕竟咱们是人，但万万不可存有挟恩图报之心。之所以帮助别人，只是天性如此。而对于获得的帮助，缺乏足够的敏感也是人性。

"知其黑，守其白。"爱惜人性中的光明，怜悯人心中的残缺与不足。

说错的话，做错的事，伤过人或被人伤过，骗过人或被人骗过……举凡这些不能为自己加分的要素，都是我们人生的坏账，意味着我们的损失或继续带来损失，会引发心理厌恶，本能逃避，是不愿意让任何人提起的。那就不提好了。

知而不言，笑而不语。但对于自己，必须反向行之！知道人性的脆弱，尊重他人敏感的心，同时要勇闯自己的心理禁区。不仅要宽恕别人，严待自我，更要正视自己的人性缺陷，以温和的智慧弥平之。只有这样，才不至于激起对方的心理反噬，让别人伤害自己。同时又因为认识自我而心灵强大，不会自己伤害自己。如此我们才能够重返赤子之心，自如，平和，温润如玉而宠辱不惊，才会获得古往今来所有智者享受过的欢愉与宁静。

以德报怨，何以报德

01

人生有个陷阱：宽容。

宽容是个好东西，好比家里的刀子、剪子、铲子，用好了，会让生活更美好；用不好，会造成伤害。

有个女生，在一家小公司做文员，不招谁不惹谁，日子很滋润。可是很不幸，公司来了一位主管，也不知看她哪儿不顺眼，盯上了她，把她此前的工作预案全部推翻，天天对她穷追猛打。无论她多么用心，主管总是能找出点错来，然后小题大做，没完没了地追责。

女生处境日益艰难，开始害怕去公司工作，甚至害怕听到主管的脚步声，失眠脱发，大把大把掉头发。她做梦，在梦里手刃对方，但醒来，瑟瑟颤抖，怕到半死。

女生最后被迫辞职，好长时间才恢复过来。又过了好久，心里的阴影慢慢散去，恢复了笑容和生机。在新的公司里，一帆风顺，升职为主管。

忽一日，接到好久没联系的旧同事电话。旧同事跟她说起一个人，她印象不深，旧同事一再提醒，才想起来是那位曾让她噩梦连连的前主管。

正所谓风水轮流转，那位前主管竟然也来她现在的公司谋职了，应聘高管职位，希望她给个推荐。一瞬间她欣喜若狂，心想你也栽在我手里了！她就想在老板面前给对方上点眼药，毁掉他这个机会。可又一转念，这样做，除了泄愤之外，又有什么好处呢？不是常说宽容吗？这种情况，是不是该讲点宽容？

还有位老兄，公务员出身，辞职下海，跟一个朋友一起做生意。开局一帆风顺，财源滚滚。他正踌躇满志地准备大干一场，朋友却悄无声息地卷款夜逃。这位老兄从天堂跌入地狱。当时他疯了一般，四处寻找逃跑的朋友，始终无果。供应商堵住他家门追要货款，搬走家中所有东西，老婆吓得抱孩子离去，他独自在夜风中泪流满面，诅咒坑惨他的损友。

这位老兄没办法，从头开始吧。何其艰难，艰难也没办法，谁让他眼瞎看错人呢？就这样从小生意开始，步步惊心，渐有起色，慢慢回到了原来位置，而且越来越好。

当年旧事，风吹云散。忽一日，一对白发苍苍的老人来找他，竟然是损友的父母。原来，损友卷款私逃后，钱又被别人骗走。结果损友不敢回来，沦落成骗子，到处诈骗，响动极大却也没骗几个钱，不久被逮到，判得还不轻。出狱之后，损友落了一身怪病，正躺在医院，半死不活。他的父母把房产卖掉，房钱仍不够治病，于是他们慌不择路，饥不择食，找到他求助。

他大喜过望，差点喊出"恶人自有天收"之言，本能就要拒绝。可是，当他看到损友的年迈父母那花白的头发、憔悴的面容以及佝偻的身形时，心突然软了下来。过去的事了，人应该宽容。这个钱，他是借还是不借呢？

02

人生不易。面对那些伤害过我们的人，我们是选择宽容？还是宽容？还是宽容呢？

孔子专门研究过这事，他说："以德报怨，何以报德？"

宽容你就错了。如果宽容伤害我们的人，甚至以恩德回报他们，那么我们又该如何对待那些待我们友善的人？宽容那些伤害者，是对待我们友善的人最大的不公正！

对伤害过我们的人，不选择宽容，那就回以雷霆般的报复吗？也不是。子曰："以直报怨。"什么叫以直报怨呢？我的一个朋友说要心怀慈悲，爱心满满，把伤害过你的人，当成亲儿子一样狠狠地揍！别怕手疼。

说把伤害者当成亲儿子一样的人，是一家名企高管。

有天他开车到停车场，一个年轻人疾步奔过来，替他开车门。他留意了一下，才知道这个年轻人是新来的，手脚很勤快，脑子也灵活。他看着年轻人有点眼力见儿，就把这个年轻人调到自己的部门。

年轻人很上进，公司风评极好。他很满意，更加器重。可是有一天，他开车到公司，感觉有点乏，就没下车，坐车里眯一会儿。车窗贴着反光薄膜，能看到外边，却看不到里边。他正眯着，忽见那个年轻人探头探脑走到他的车边，做出一些奇怪的动作。这是在干什么？

他很困惑，但没吭声，就坐在车里静静地看。等年轻人走得没影了，他下车瞅瞅，嘿，车上留下几道重重的划痕。他很奇怪，这年轻人很受他的器重，视若股肱，对他哪来的这么大怨恨？

他到了公司，立即通知人力资源部，把划他车的年轻人调岗、降职、降薪，打扫厕所去。年轻人惊讶地来找他，询问为何如此待他。他当时说："小伙子，我将你视为自己的亲生儿子，用父亲当年爱护我的方式爱护你。当我3岁时，家里有只大火炉熊熊燃烧，炙热无比。我很好奇，奋力地爬过去，要钻进熊熊燃烧的火炉里。父母苦口婆心，再三跟我解释，火炉近不得，会烧到皮焦肉烂的。3岁的我，听不懂，号啕大哭以示抗议，继续奋力向火炉爬行。于是父亲抓起我，照我屁股上，抢起鞋底'噼里啪啦'一顿狠揍。那一天，整个村子都能听到我狼嚎似的惨叫声。打孩子是不对的，是过时而错误的教育观念，但我这辈子，见到火炉就会躲到安全地方。我现在对你也一样。你如果对公司或是对我本人有意见，有话直说是爽快，隐忍不说是稳重，巧妙点醒是智慧，可你偏偏选择了阴招。阴损之事做得太恶心，阴损之人不可近。所以我用你能听懂的方式，与你对话。降薪、降职、调岗，只是让你回到你该待的位置。只因爱你，所以如此。"

03

以德报德，以直处世。人生中，其实没那么多宽容。该怎么做，就怎么做！

比如说，遇到针对性刁难员工的管理者，应该明确告诉老板：这样的人心智有问题，他会无端增加公司内耗，影响员工士气，甚至会影响公司正常运营。至于他刁难的人是你，还是别人，不会影响这个结论。

比如说，遇到卷款夜逃，差点让你万劫不复的损友来借钱，就明确告诉他：他的麻烦不是出在缺钱上，而是人品有问题。所以他最要紧的是修复人品，学会做人，而非让老父母出面，去借并不能解决他根本问题的钱。至于他曾经卷走的是你的钱，还是别人的钱，不会影响这个结论。

把不合适的人推荐给老板，对优秀的人来说不公道。把阴损的人留在公司，是对上进员工的不负责。把钱借给伤害过你的人，是对所有友善者最大的不公。

种豆得豆，种瓜得瓜。给你该给的，让他们得到该得的。万万不可把宽容搅和进来，混淆是非，人为制造不公。

04

哲学家叔本华说，智慧如同玫瑰。玫瑰最大的特点不是美丽，而是带刺。

没有刺的，不是玫瑰。失去惩戒，不是智慧。

佛家寺院，大抵少不了两尊像：笑到发癫的弥勒和手持降魔杵的韦陀。不显金刚之怒，不见菩萨慈悲。

人的认知发育是不均衡的。有的人心智成熟，与人为善，纵有差池，稍一点拨就能明白过来。还有一类人，要用他们听得懂的语言告诉他们，他们需要为自己的伤害行为付出代价。

你的善良必须有点锋芒，不要轻言宽容。在你智慧圆润成熟之前，更需要的是一种平和的力量。对于曾经受到的伤害，不要挟愤，不要有恨，不可愤怒，但要记住这个人还须锤炼，他必须修复残缺的品德，才可担当。我们的精力和时间都是有限的，要更多花费在已成熟而又更友善的人身上。正如我们一再说到的，爱爱你的人，恶恶你的人。宽容友善者的无心之失，万万不可以宽容为借口，伤害到友善的朋友。上德不德，是以有德。行事公，处世明，心无偏，万事容，唯这般简简单单公公正正，才是对我们自己和所有人的真正宽容。

我好心请你吃鸭，你却当面羞辱我

01

莫先生说：人不要脸，天下无敌。这个莫先生，不是衡山剑派的掌门，而是诺贝尔文学奖获得者莫言。原话也不是这八个字儿，而是"自尊是吃饱了撑的"。一听就知道，莫言先生受刺激了。

莫言先生请朋友们吃烤鸭。鸭饼裹肉，鸭架为汤，吃得心花怒放，幸福到飞上天。正吃得开心，朋友们突然笑起来，指着莫言道，你们看，你们看莫言，知道什么叫不要脸不？看他那副狼吞虎咽的吃相，非要把这顿饭的钱再吃回去。我说莫言你至于吗？

你……我……当时莫言就惊呆了。

我好心请你吃鸭，你却当面羞辱我。委屈的莫言回家找妈妈，哭诉请朋友吃烤鸭，反遭羞辱的不堪。

妈妈抱着他，哭着说，我的娃，不要哭。以后再有饭局，你事先喝两大碗稀饭，再吃两个大馒头。到时候你根本不饿，吃得不猴急，他们自然就没理由羞辱你啦。

这个办法好。莫言遵照妈妈的叮嘱，先吃饱，再赴饭局。吃的时候，不紧不慢，不温不火，不慌不忙，不疾不徐。

正慢条斯理地吃着，朋友们突然指着他，哈哈大笑起来，快看莫言，快看，知道什么叫不要脸不？这就是，你一个大老爷们儿，吃起饭来理应狼吞虎咽，在我们哥儿几个面前，你装什么斯文？

是呀是呀，朋友们放下筷子，纷纷谴责，莫言，做人要本分，莫装蒜，装蒜是混蛋。

你们……我……莫言无言以对。

吃得快你们骂，吃得慢也骂——还让不让人活了？

莫言不是第一个无端遭受羞辱的人，也不会是最后一个。谁在背后不说人？哪个背后无人说？人生路就是由恶意与非议的唾沫星子铺成的。事业成就，不过是在别人的讥议中上下沉浮。

02

毕淑敏，著名作家、心理学家。少女时代的她，美貌如花，柔情似水，是自费的医科大学学生。没考上大学，自己掏钱听课。讲课教授白发飘飘，讲课时举重若轻，风度翩翩。下了讲台，混进人群，就是个普通小老头。老教授讲完课，走路绕行一个机关小区，到公交站搭公交车。毕淑敏就住在那个机关小区里，知道有条路，直通小区后门，可以让教授少走一大截弯道。

于是有一天，当教授步行至小区门口时，毕淑敏追上来："教授，从这个小区里边走，能省好多路。"教授停下来，笑眯眯："你是我的病人吧，长得好漂亮，病情好些了吗？"

毕淑敏："教授，我不是病人，是听你课的学生。"

"哦，原来是学生呀，"教授好开心，"学生和病人，分不清。不过我为什么非要走小区呢？人多杂乱，我不喜欢。"

毕淑敏："可是教授，我们小区里有个小花园很美丽的。"

"真的吗？"教授动了心，"那咱们今天就从小区里边走。"

走进小区，毕淑敏看到一个人，突然害怕起来……陪教授走进小区，毕淑敏就看到一位大妈正侧坐在一块石头上，织着毛衣。

毕淑敏说，看到这位大妈，我的心如被黄蜂突然蜇了一下，吓到半死。为什么呢？因为正常人类的视线都是朝正前方的方向，而这位大妈，她的视线却是朝斜边的方向：她正襟危坐打毛衣，却能看到斜侧的人和事儿，就是俗称的斜眼。还是个年轻女生的毕淑敏，在这双充满了恶意与揣测的斜眼面前，充满了恐惧与不安。果然，没过几天就出事儿了。

这天毕淑敏正要出门去听课，妈妈忽然叫住了她："听说你……呃，跟一个小老头好上了？"

"没有！"毕淑敏急了，"人家是我的教授，穿过咱们小区去公交站，我们就是顺路一块走。"

"听说你……呃，天天跟小老头在花园里，聊天聊到半夜？"

"没有！"毕淑敏快要急哭了，"人家就是给教授介绍小花园的风景，根本就没那么夸张。"

"听说你……呃，你还没有男朋友，要谨言慎行，须知人言可畏哦。"

"可畏个屁！"毕淑敏气炸了，"就是那个斜眼老女人，整天盯东家看西家，无端猜测，胡言乱语，真是可恶！"

虽然在母亲面前又吵又吼，可年轻的毕淑敏从心里怕死了斜眼老女人。

当天，教授兴致勃勃地跟她走到小区门口，抬腿就进。

毕淑敏急忙拦住他："教授……要不……要不您今天从小区外边走吧。"

教授："为什么？"

"因为……"毕淑敏急得要哭，"小区里有个斜眼老女人，她在编排咱俩的瞎话，说咱俩那什么……那什么了。"

"真的吗？"教授心花怒放，"我一生发愤苦学，临老最不正经，最喜欢听人编排我和漂亮女学生的瞎话。是谁这么理解我？快进去指给我看。"

"别别别……"就在毕淑敏的慌乱中，教授已经大步走进了小区。他进门就东张西望："是哪个老女人编排咱们的瞎话，快告诉我，快点。"

"教授你……"毕淑敏吓得差点哭出来，她真的好怕那个女人。但教授不依不饶，非要让她当面指出来。

没办法，她只得怯生生地指了指坐在石头上的斜眼老女人。

教授立即冲过去，直杵到女人面前，鼻尖对鼻尖，张口第一句话就是："你有病！"

老女人正坐在石头上打毛衣，斜视观察周边人物，脑补各种不存在的情境。

突然间教授冲上前来，张口就说她有病。

当时老女人就炸了，毛衣一扔："你才有病，你全家都有病！"

"没错，我是有病，"教授说，"我心脏和关节都不好，但我正在治疗。而你的病，是极严重的眼疾。如果不抓紧治疗，会失明的哦。"

"你……"老女人被弄糊涂了，"你谁呀你？红口白牙诅咒人？"

教授掏出他的工作证："呶，看好了哦，我可不是诅咒你，我是大医院的眼科专家。所以你的病，我一眼就看出来了，你那什么，赶紧的，明天去我那里挂个号，我给你做个全面检查，好好治疗一下。"

老女人果然见多识广，立即转怒为笑，满脸阿谀："谢谢大夫，谢谢您，赶明儿一早我就过去挂号，大夫您可要亲自给我诊治哦。"

教授冷笑一声："要谢，就谢我的学生吧，是她先注意到你眼睛有问题的！"

03

莫言先生说，世上的事儿，都是注定好了的。该着受羞辱的命，给你戴上皇冠也逃不掉。

别流泪，坏人会笑；别低头，皇冠会掉。

04

唐朝时，有两个奇怪的和尚——寒山与拾得，此二僧就是民间传说中的"和合二仙"。

仙名"和合"，但两人的风格很不和合。

古老的记载中，流传最广的是这一段：

寒山问拾得："世间有人谤我、欺我、辱我、笑我、轻我、贱我、恶我、骗我，如何处治乎？"

拾得答："只需忍他、让他、由他、避他、耐他、敬他、不要理他，再待几年，你且看他。"

这两位遁入空门的和尚，与世无争，世人还要追上去谤之、欺之、辱之、笑之、轻之、贱之、恶之、骗之，其余人等，岂又能逃得脱？

讥谤与恶评，如蛆附骨，如影随形，逃不脱，躲不掉。这就是人性。

05

当人感受到压力时，总是本能地转向外部攻击。所以，英国哲学家托马斯·布朗说："当你嘲笑别人时，也在内心嘲笑你自己。别人讥嘲你时，其实是在评价自己。"

当我们看别人不顺眼时，不过是自己的心态失衡。

鲁迅诗言："岂有豪情似旧时，花开花落两由之。"世间的事就是如此，每个人心里都承受着巨大的成长压力，越是缺少人生成就，就越是易于转向外部攻击。

你长得高，说你像竹竿；你长得矮，说你像冬瓜。你长得美，说你绣花枕头；你长得丑，说你相由心生。你干得好，说你存心显摆；你干得孬，说你无能之辈。你是女人，说你头发长见识短；你是男人，就说三条腿的蛤蟆难找，两条腿的男人有的是。你做善事，说你存心不良居心险恶；你不做事，嫌你无所事事浪费青春。总之人家心情不爽，你吃喝行走坐卧统统是错。

所以，做人呢，第一是警醒自己，永不攻击他人，不讥议别人，留下力气成就自我；第二是珍惜每一次机会，纵然是机会越多谤议越多，干得越好讥评越烈，但也要豪情如铁，心无所动，与其在讥评别人时荒废自我，莫如任人嘲讽，一心一意成就事业。既然这是人性，我们就以最开明的心态接受它，让人性的弱点承载着我们步向辉煌，这才是我们了解人性的价值与目的。

做好自己，就是最大的善意

01

朋友圈里，经常见到这样的问题：为什么善良的人，一生痛苦磨难多？为什么呢？

先讲一个善良的故事。

最近，巧克力市场有点不景气，吃的人越来越少。有些巧克力厂家顶不住压力，不得不宣布破产。媒体报道称，在新西兰就有这么一家不起眼的巧克力公司，支撑不住，宣布要结束自己的生命。可万万没想到，新西兰人民怒了。

听说这家企业要关门，新西兰人奔走相告：听说了没有？那家巧克力公司要倒闭。这样不行，这样怎么可以？赶紧把家里的闲钱拿出来，给他们送过去，不能眼睁睁地看着他们死掉。

为什么呀？

甭管为什么了，总之这个国家其实很小很小的，搁中国最多算是三线城市，全部人口才460万人。可这460万人，硬是凑出来了300万新西兰元——平均每个人为这家小公司掏了约0.65新西兰元，折合人民币1 500万元。

送来这么多钱，老板再想倒闭，难度就有点高。为什么新西兰这么宠这家公司？

答案说出来很伤人心的——贪玩！媒体说，这家公司每年都要玩一轮滚豆大赛。所谓滚豆大赛，是说他们国家某个地方，有个超陡的斜坡，因为坡太斜，让这里成了游乐场，好多奇奇怪怪的人都在这里玩。

巧克力公司也瞄上了这地方。公司每年会推出一种圆球形巧克力，要求参赛的人都购买，买了圆球，再在上面写下自己的名字。所有的圆球凑在一起，用箱子装了，抬到坡上，打开箱子，就见"飞湍瀑流争喧豗，砯崖转石万壑雷"，无数巧克力圆球顺坡直下，激流一般汹涌澎湃。

随后，主持人上前，捡起滚在最前面的15粒巧克力圆球，念出上面的姓名，宣布他们是此次大赛的获胜者。前15名，可获得象征性的小奖品。

就是这个简单的游戏，新西兰人竟然连玩了15年，仍乐此不疲。可就这么个游戏，也构不成让全新西兰人行动起来，拯救这家公司的理由吧？完全能构成，因为这个游戏本身是个非常开心的慈善项目。

这家巧克力公司，不是为了玩而玩，他们是为了孩子，为了那些身患绝症的可爱儿童。连续15年，大赛活动所有的收入，全部捐献给慈善机构，用以救助病患儿童。此外，每年的大赛，公司都会邀请很多患病孩子来到大赛现场，让这些孩子观看那如潮的人群，看哗啦啦流淌的各种颜色的巧克力豆。这时候，孩子们的脸上就会露出灿烂的笑容。

他们很开心。他们知道，这世界爱着他们，不掺杂丝毫怜悯或同情，不带有一点歧视或扭曲，是完全把他们视为正常孩子的爱与关心。

新西兰虽然不大，每天关门倒闭的公司也不是个小数目，但大家不关心他们。

有本事就活，没本事就死。市场竞争本就残酷。再者说，没有这种自然状态的淘汰，商家怎么会下大力气搞出优质产品？但这个森严冰冷的铁律，在这家巧克力公司面前失灵了。

岂止是新西兰人？任何人都会坐视一家家公司倒闭，心中丝毫不起波澜。但这家公司不可以，因为一年一度的疯玩大赛必须有！以爱为宗旨的善行必须有！孩子脸上那天真无邪的笑容必须有！所以新西兰人行动起来，聚薪成火，每个人献出一点点的爱，就让巧克力公司老板看到一个美好人间。

此时，巧克力公司的老板肯定正躲在家里偷笑。

如果有人流泪上前倾诉："请问这位有钱的阔佬，为什么善良的人，一生痛苦而磨难无数？"

这位老板铁定会回答："瞎掰，根本没有这样子的事儿！"

"……可是真的有啊！"

于是你就可以举下面这个例子，和这个老板理论一番。

02

几年前，一位下岗职工，在杭州开了一家爱心馒头店。这家的馒头只送不卖——送给最可爱的环卫职工和弱势群体。

馒头店开张之日，弱势群体蜂拥而来，把馒头店挤得水泄不通。还有人从很远很远的地方专门赶来，就为领几个免费的馒头。结果馒头店开张没多久，就被迫关门了。视频里开店的大妈哭成泪人，说："好人难做啊，我们本来是免费送馒头，可被许多人堵住门不停地骂。有人骂我们免费送馒头是为了出名，有人说我们拿了钱，还有人不要馒头，只要钱……你说这些人，心都是怎么长的？"

是啊，这些人的心！不过这事就奇怪了，为什么新西兰那边没有人堵住门骂老板，怎么咱们自己的馒头店就遭遇这怪事呢？

03

美国的巴菲特是裸捐倡议者，他也要求马云把所有的钱统统捐出去。

马云看着巴菲特，问："你今年多大？"

巴菲特："还小，我还小，才刚刚80岁。"

马云："我比你更小，才40岁。等我到了你这个年龄，一定全捐。"

然后马云解释说："中国和美国是不一样的。你看北京、上海是很繁华的，可在中国的西部地区，还有许多地方很贫困。贫困的人，需要整个社会帮助他，需要资本的帮助，让他们获得谋生自立的工作权利。"

马云还说，我作为企业家，最大的善行就是为贫困人口提供就业岗位，让他们获得尊严和自立能力。这是比裸捐更有意义的善。

马云这番话足以让我们重新认识一下，什么才叫善行无迹！

04

经常有些怪人，谆谆告诫捐出真金白银的人：晓得吗，善行无迹哦。你要多做好事，多掏钱，但不许吭一声，不许让人知道！说出来就是善行有迹，所以行善做好事，一定要偷偷摸摸，鬼鬼祟祟……

善行义举，凭什么就见不得人？凭什么就不能声张？善行无迹，根本就不是这个意思。理解错了，善行就成了恶。纵然是掏出血汗钱给人家，但恶就是恶，你必须承受恶的后果。

05

善行无迹真正的意思是，遵奉你生命的成长意志，做你需要做的事。别人在你的行为中获得益处，但这并非是你的初心。你的初心只为自己，而别人获得益处，也不着痕迹地融入他们自己的生命成长之中。受益的人不需要感谢你，你也不需要他人的感谢。

一如孔子所说："天何言哉？天何言哉？"太阳划过天空，那是太阳遵奉自己的规律而运行，只能这样做，太阳才是太阳。在这个过程中，地球生命得以滋润成长，纵然心怀感谢，但太阳根本就不需要。而我们沐浴阳光雨露，太阳的光辉融入我们每一个细胞中。这就是太阳之德，这就是善行无迹。

比如说，新西兰那家公司固然是为了慈善的目的，这叫有心为善。但这个有心之善，是不露形迹的，是包裹在自己开心快乐之中的。想一想，在连续15年的豆赛游戏之中，所有人都在尽情地玩，有谁想到了身边患病的孩子们？没人想到，可是孩子们比任何一个人更要开心！因为孩子们受到了尊重，获得了成长。所有这一切，都如阳光雨露，点滴沁入孩子们的心中。这是真正的善！所以新西兰人会小心地呵护它。

06

扭曲的善，近似于恶。

有些人错误地解读了善，以为掏出自己的血汗钱给那些身强力壮的大哥大叔就是行善。这种行为扭曲了善行无迹的本意。你的付出不是自然的，对方也无法心安理得将其融入成长。古人将这种行为称为"庭前生瑞草，好事不如无"。

事是好事，但是多余。身体上的多余叫赘肉，要动手术割掉。成长中的多余是痛苦，同样也要切掉。

为什么你做了好事，还被人骂？因为你所谓的好事，既非出于自我生命成长，又压抑了对方的人格和尊严，纯属多余。

还是马云的解释比较靠谱。真正的善行就是遵奉每个人的生命意志，各自成长。资本汇聚搭建产业平台，资本投入者实现个人价值，而就业者则获得工作与成长的机会。这是个互惠互利的过程，双方谁也离不开谁，谁也不需要感谢谁，每个人做好自己，就是最大的善。

07

善行无迹，义举无痕。每个人的成长，都是一起独立事件。不需要你横插一杠子，非要做"多嘴驴"。每个人成长的节奏不同：有人少年得志，有人老树开花；有的人走得快一些，有的人行得慢一点。万万不可自高自大，无缘无故给人家扣上弱势群体的帽子。这世上根本没什么弱势，只有一颗颗躁动的期待着成长的心。

衡量一件事情是不是善，无非两个标准：有心成就自己，无意成全别人！

也不需要你非做什么太阳，做只无害的小松鼠就蛮好。小松鼠无善无恶，在森林中跳跃戏耍，它把一枚枚松果埋藏起来，当作过冬的食物。但来年开春，小松鼠的食物不见了，大地上却生长出一棵又一棵的松树。这就是善行的真实本意，全无半点做作。吃饭睡觉别纠结，读书做事少烦恼，话有不可对人说，事无不可背人做。如此安身立命，稳健前进，只言片语，点滴之行，都会影响到身边的人，带给别人一片阳光明媚的天地。没有多余的善，自然就没有多出来的恶，一切简约、通透、敞亮。做到这一步并不需要多么辛苦的努力，只需常把自己的心镜拂拭，心里净爽，看得明白，才知道此前的苦痛磨难，不过是违拗了自我成长意志的纠结与扭曲。

第四章

换一个角度看世界

如何一眼洞穿事物本质

01

有一则来自知乎的故事：医院妇产科门前，家长们都在等护士把自家孩子抱出来。突然从外边冲进来一个女人，气急败坏地大喊道："你们抱错了我的孩子！"

霎时间，满场寂静，所有的家长以愤怒的眼神瞧瞧护士们，再以怀疑的眼神看看怀里的宝宝，生怕护士给弄错了。

护士长却不急，慢声细语地问："请问，你根据什么理由，断定我们把孩子抱错了？"

"根据科学！"女人竖起手指，强调她的观点，"你们呀，要相信科学，我老公带孩子做了亲子鉴定，证明孩子不是他的，这就证明你们抱错了。"

护士长："……可是，孩子是不是你的呢？"

女人："是我的，但不是我老公的，所以肯定是你们抱错了。"

在场的所有人全都安静了。这个事儿……到底应该怪谁呢？

人活一生需要很多能力，但所有的能力终将汇聚于一点：看破表象，洞见事物本质的能力。

比如说，孩子不是老公的，但未必是护士的错。在你所理解的事物之外，总存在着另一种可能，或许才是真相本身。

02

看过一个抖机灵大赛视频，就是一个电视节目，把一些看似相互矛盾的事和人，弄在一起相互PK。这次PK的主题是"大学生到底应不应该考研"。认同者是一位嘴皮子超级利索的老师，对手是一大群没考研却有不俗人生成就，但嘴巴比蜗牛还慢的行动派人士。

嘴快老师："我家乡是一座三线城市，市里有一所大学。你们去看看，看看都是哪些企业去招聘。你们再去清华北大看看，又是哪些企业在招聘。中国500强企业和世界500强企业，都告诉你学历不重要——可是他们不会去三线大学招聘！"

嘴快老师："（世界500强）他们说的都是假话。"

嘴快老师："考研不是唯一的出路，却是大多数人的出路。"

行动派嘉宾："但我想告诉你，相对于考研，对年轻人来说，最重要的是工作，在工作中学习成长……"

嘴快老师："一个三线大学的毕业生，他将来能做什么工作？"

嘉宾："我公司的员工，没有一个重点大学毕业的。"

嘴快老师："所以说你不是世界企业500强！"

嘉宾："……"

这个节目，极类似于我们的人生：每逢吵架，都会节外生枝，越吵离正题越远。先不说考研之事；如果一定要说考研，嘉宾想要说的是人生，而嘴快老师说的是毕业后的工资，所以他一再强调入职世界500强，好像500强打出生起就500强了。实际上，500强刚刚成立时都是500弱，早年入职的也是三线大学之类无名院校的学生。他们在经历了残酷的市场磨难之后，成为小概率的幸运者。

嘉宾的企业不是世界500强，这是正常的，不应该构成嘴快老师指责的理由——何况此事与论战主题无关。

但嘴快老师在非关主题宏旨的事项上指责对手，让对手语塞，这很能满足观众看热闹的心理，也达到了节目组预期的效果——唯独没说清楚的，是事情本身。

人生正如辩论赛，对手为了赢你，总会故意带你跑偏。

你说人生，他说考研。你说考研，他说世界500强。你说世界500强，他说你不是世界500强。即使你是世界500强，他还可以说你长得丑。你顺着他的话题走，总会被他找到你的一个缺点，对你发起攻击，然后宣布他赢了。

有些朋友不喜欢把话分析得这么明白。他们叹息说，人生已经如此艰难，有些事情就不要拆穿，希望大家就这么稀里糊涂也蛮好。

然而，糊涂的人，不能看到事物本质的人，即使在日常生活中也是痛苦不堪的。

03

网友曾评述恋爱中的男友三大世纪疑惑：世纪第一疑惑，她怎么生气了呢？世纪第二疑惑，她怎么又生气了呢？世纪第三疑惑，她怎么还生气呢？

这三大世纪疑惑，是低情商男士锥心之痛。网上有个故事，说一位男士与妻子发生争吵，他气得半死，不明白女人为什么无理取闹，遂赌气出门，向一位情商高的朋友诉苦。朋友听了，沉吟半晌，问："吵架前，你们俩都干什么了？"

男士："还能干什么？我看球赛，她上网乱逛。"

"上网……"朋友说,"上的是什么网站?"

男士:"不是你想象的那种聊天交友网站,就是看看打折商品,看看衣服啦鞋啦什么的。"

朋友:"她到底看的是衣服,还是鞋?"

"谁管这事儿,她们女人……"男士抱怨着,想了想,"对了,她在看一件风衣。"

朋友:"那你还待着干什么?赶紧上网,把那件风衣拍下来呀。"

男士:"你有病呀,她衣服那么多,买风衣干什么?"

朋友力劝,男士终于拍下风衣。等他回家,进门就看见妻子用含情脉脉的眼神看着自己:"老公,人家就知道你最疼人家啦……"

"你这败家娘们儿,想要买风衣就直说,你吵什么呢……"丈夫一时气急,脱口冒出这么一句。

完了,两口子又吵起来了。

04

多数人并不是理性地生活着,而是如风中的浮萍,忽上忽下,忽高忽低。

所谓理性,就是要认识到人性的天然状态,透过现象,直抵本质,成为一个简单的人、明快的人,能够尽到自己人生责任的人。

如果一个学生看不到事物本质,就会专注于考个高分,拿来炫耀。工作时既做不了实际工作,也不知如何与人相处。这时候他就会抱怨读书无用,哀叹知识无法改变命运——如果他一味文过饰非,东拉西扯,就会落入恶性循环,成为社会问题。

如果一个成年人看不透事物本质,就会处处和别人相比,看别人买房羡慕,看别人出境游羡慕,看别人工资高还是羡慕。如果他不能定下心来,想明白自己是谁，到底想要什么，就会陷入巨大的生存压力之中。

如果人过中年仍然看不透事物本质，就会沦为骗子们的猎物，有些骗子专骗老年人。媒体经常呼吁多给老年人一些关爱，甚至有人称老年人更应该富养——可中国已经步入老龄化社会，谁也不是千手观音，数量短缺的年轻人尚在生存线上为是不是应该考研而纠结，又拿什么来富养这些脆弱的老人？人只能靠自己！

05

要做到看破事物表象，洞见本质，做个简单快乐的人，就要明晰人类对事物的认知结构。

主观之人最喜欢以客观自居。所以我们知道，我们所谓的本质，只是认知最多只能到这个程度，并非是真实的本质，或是客观。明白这个前提，就可以培养自己的本质认知能力了。

当我们观察事物时，首先遭遇的，恰是人类万古不灭的情绪。情绪与本质无关，但不可小视，要温和地对待有情绪者。情绪的本质是恐惧，人家都吓得这样子啦，一定要耐心安抚。

穿越情绪，下一步遭遇的是主观表述。所有的表述都是以自我为中心的，武断、固执与臆测，构成主观本体。小心呵护对方的情绪，把表述中的客观结构摘出来，就可接近本质了。穿越主观表述，遭遇的是我们的认知极限。

最高维度的认知是智慧，但我们居于智慧之下，有人偏执，有人倔强，有人思维固化，有人相信某些很奇怪的东西。这时候就需要像对待别人那样对待自己，先扫除自己的情绪，再去掉立场，然后去掉偏执与偏见，就这样一步步地接近事物本身。

这些过程，实际是我们每日奉行的。例如，孩子是你的，却不是你老公的，这事怪不到护士。又如，你的企业不是500强，构不成学生是不是应该考研的理由。再如，妻子浏览购物网站后情绪不太好，当丈夫的铁定没二话，买买买。诸多生活细节，都贯穿着我们固有的思维方式。

06

《论语》中说，孔老夫子做事，有四个特点：不主观，不绝对，不固执，不自以为是。这其实就是穿越情绪，步向本质的四个步骤：去掉主观，去掉绝对，去掉固执，去掉自以为是——剩下来的，就是事物本质了。

认清事物本质的人，活得轻松爽洁，低调快乐。抓不住本质的人，人生跌宕起伏，忽起忽落——当事人绝对不会因此而开心。这些人在家里激烈争吵，在路上匆忙狂奔，在公司谨小慎微，在无人处无声垂泪。每个人都有最艰难的时刻，这恰是迷失自我，失去对事物本质把握的时刻。

佛陀说"回头是岸"。让我们的心变得辽阔而勇敢，突破表象的羁绊，直达事物的本质。这做起来并不难，难的是我们久已习惯催促别人改变，而忘记了我们只能对自己负责，最应该获得认知提升与快乐的是我们自己。

那就回归自我吧，先试着观察自己的情绪，再来观察已经固化的主观，然后一步步地，如孔老夫子那样抽丝剥茧，扒开绝对与固执，扒开自以为是，最终见到我们那颗完美的、始终呈现着希望、向往未来与快乐的初心。

莫忘初心，方得始终。只要回到自己的初心，从智慧的全维视角再来看这个世界，就会看到大千纷纷，会看到万古千秋，始终为情绪所笼罩的人心之痛。我们来到这个世界，原本是为了认清世界，认识自己，但常常迷失途中，让我们沉陷于欲念之海。就从现在开始，走出痛，走出伤，走出怨，走出忧，那与日月光华般的智慧同在的，才是真正的我们自己。

什么是最高明的见解

01

有个词很形象生动：见解，见到人生问题与心里的疙瘩，解开它。见之解之，问题没了，疙瘩解开，自然就舒心如意。但是，哪些问题应该解？哪些千万别瞎解？解法如何？有什么技术指南吗？

国画大师张大千非常厉害，但他还嫌自己不够厉害，就留了长长的胡子，令人印象极深的那种。张大千的胡子，引发了朋友们的无限焦虑。终于有一天，朋友忍不住问他："张大哥，你这胡须倒是蛮有品。可有件事我们不明白，你晚上睡觉时，胡子是塞进被窝里，还是在外边？"

"这个……还真没注意，等我晚上睡过后给你答案。"

到了夜里，张大千上了床，钻进被窝。突然想起胡子的问题：咦，我的胡子，应该放在外边，还是里边？这一想就麻烦喽。放进被窝里吧，怕压到；放到被窝外吧，怕翘了。

折腾大半宿，张大千失眠了。这缺德的损友，怎么问出这么个怪问题？让人家觉都不会睡啦。

看看，这就是不该解却瞎解，把国画大师整得觉也睡不好。

生活习惯，率性由心，自己觉得舒坦就行了。别在这儿弄出什么见解，太累。

02

有位智者，带了几个学生，传授思想和智慧。暑热夏天，大家围坐在一起吃西瓜，解暑消乏。西瓜切好，智者伸手拿起一块，正要往嘴里送。这时，一个学生站起来："老师等等，你日常教导我们，'人人处处皆学问，万事万物都是理'。咱们现在吃西瓜，这里边有什么深刻道理吗？"

"有！"智者说，"你先认真思考，等我们吃完西瓜，就告诉你。"

说话间，智者带着另外几个学生，以迅雷不及掩耳之势，把西瓜全吃完了，然后告诉弟子："饿了就吃，困了就睡，这是人世间最大的道理。"

凡事究理，究的就是自然之理。自然之理明明摆在面前，你却非要另起锅灶，另立见解，这叫闹事。闹事者，不得瓜吃。

03

有个非常有名的禅宗故事。一位修道者站在江边，看到船只靠岸，就去问禅师："禅师呀，你看那条船，靠岸时，'哗啦啦'一声，碾碎了好多蚌壳。那蚌壳全都是生命啊，生命是平等的，无所谓高贵或卑贱。我们应该尊重生命，不可杀生。可是禅师，船靠岸时碾死蚌壳，这岂不是杀生吗？请禅师告诉我，这是谁造的孽？"

"这个问题问得好，"禅师说，"好在哪里呢？好就好在暴露了你那恶毒的心肠，并让我们知道，这些都是你造的孽。"

"禅师，咱们讲点道理好不好？明明是那条船碾碎的蚌壳，凭什么栽赃说是我造的孽？有你这么不讲理的吗？"

禅师说："猫逮老鼠鸡啄谷，虎食牛羊狼吃肉。这个叫自然规律。走路踩死蚂蚁，睡觉拍死蚊子。行船碾杀蚌壳，鹰隼捕杀飞鸟。同样也是自然规律。规律就是规律，没有为什么，只有是什么。狼吃羊，不是狼多么邪恶，只因它就是肉食动物。羊吃草，也不是草犯了什么错，只因羊是食草动物。这就是自然现象。你非要在这自然而然之中，强立分别心，搞出个积德或是造孽的分类来，这是最典型不过的惑乱人心。'上德不德，是以有德。'在自然规律中强立是非标准，让人无所适从，这才是造孽。"

04

见解是个好东西。但有些事情本身就是完美的见解，见到已不必再解。隐私之事不可乱解，这体现出对他人的尊重。生命与自然规律，不要做主观解析，尊重规律即可，切勿强立善恶。那么我们的见解，到底适用于什么地方呢？

有两个大学生，暑期骑单车穿行中国。他们身上只带一点点的钱，再不疯狂就老了，再不进圈猪跑了——只想挑战自己的生存能力。呼呼呼，两人骑单车旅行，开始还挺快乐。没几天，钱就花了个七七八八。接下来的日子可有得熬了，没办法，自己选的道路，咬牙也得走下去。又过了几天，两人只剩下一块钱了。他们饿到两眼发黑，只好拿这一块钱，找到一家馒头店。可他们在店门口徘徊了很久，都不好意思买。

最后，实在熬不下去了，两人才扭扭捏捏地买了两个馒头，可是，怎么分又成了问题。一个大学生果断地将两个馒头往前一推，爽快地说："你先拿。""好嘞。"另一个大学生也不客气，伸手抓起一个大馒头，两三口就吞下了肚。

推让的那位大学生顿时傻眼了，对方真的挑了一个大的馒头？他没学过

"孔融让梨"吗？他还是我交心换命的兄弟吗？哪怕他把大馒头掰下来一小块匀给我也好啊，可是他没有。于是二人心生芥蒂。几天之后，两人就分道扬镳了，此后一直关系冷淡。毕业后，再无往来。

过去好些年，推让馒头的那名大学生已经成为大老板，忽一日他想起这事来。

他说，这些年来，我都不肯原谅他，觉得他太自私。可终于有一天，回想当年推让馒头的事，才发现其实自己好卑鄙。之所以把馒头推给他，让他先挑，就是想把这个选择的难题推给他，好让自己避免道义责任。当时内心深处，渴望他能够挑小馒头，这样我既占到了便宜，又避免了道义与利益的两难。可万万没想到，那厮比我更贼，一眼就识破了我的算计。所以他干脆拿起大馒头，让我的谋算落空。我恨他，不是因为他没吃小馒头，而是他没让我的谋算得逞。

05

馒头事件，就是当事人对自己心中的恨意，提出了更高明的见解。此前，他憎恨朋友，理由也很充足，对方没学"孔融让梨"，居然挑了一个大馒头，倘危难之时，能靠得住吗？自私而又靠不住的人，不该恨吗？听起来合情合理。既然合理，那就开始恨吧。这个恨，就是心里的疙瘩，带来了很多负面情绪。

直到有一天，当事人学会了审视自我。他把心中的恨意，拆解开来，才发现里边隐藏着太多的不堪。

新的分析，新的评判，新的见解，让他认清恨意的来由。心结就此解开，疙瘩由此化解，终于可以活得敞亮了。

我们这一生中听到的许多大道理，都是对于化解自我情绪或心里的疙瘩比较高明的见解而已。

听不进去，那是因为你拒绝解开心结，拒绝消解心里的疙瘩，执意要活在不爽的状态中。苦是自己找的，痛是自己伤的，莫怪别人。

06

见解，不仅应用于自己的内心，也应用于社会合作之中。

有个老板，请来拉面师傅，开了一家牛肉面馆。为刺激拉面师傅的积极性，老板与师傅约定，师傅的收入除工资外，每卖一碗面，还可提成0.5元。老板希望用这个方法让师傅亮出绝活，让食客吃得满意，再三光顾面馆。果然，面馆一开张，生意那叫一个火爆。客人们排成长队前来光顾这家店，有的人甚至专程从远方赶来。只是老板亏惨了！因为师傅为招揽客人，死命放牛肉，一碗面里有半碗肉，客人当然开心了。

牛肉卖出面粉价，老板能不亏吗？老板急了，重立章程：此后拉面师傅工资高些，不得再拿提成。没有提成，师傅不会再放半碗牛肉了吧？还真不放了。但师傅脾气也大了，面还做得超难吃。因为客人的多少，与师傅的收入没关系。对师傅来说，最好是一个客人也没有，不用干活，轻松拿钱，多爽。所以师傅想方设法，把客人全赶走。

给师傅提成，他使劲往碗里放牛肉；不给提成，他又想方设法赶走客人。这可怎么办？老板左右为难，只好去别人家的店里，看看人家是怎么弄的。过去一看，嘿，人家都是师傅只管拉面，不出厨房。负责放牛肉的，是老板娘。老板总算弄明白了，就是把拉面和放肉这两个步骤，分解开来。

07

什么是最高明的见解？人都有眼，所见皆同；人都有心，解析分明。区别只是在于是否看对地方，解对时候。

你有时会很奇怪，有些人也看不出有何过人之处，但人家钱赚得多，日子过得舒坦，逍遥而又自在。凭什么？就凭人家看的地方对，解的方法正确。方法全知道，道理全都懂，但就是用不对地方，差距就拉开了。差之毫厘，谬以千里。

诚然，人生只属于自己，优秀的人不跟别人比。但这话也需要高明的见解，需要见准解对。和自己相比，就该让自己的见解日益明晰，日见高明。反之，活在纠结中，或是做起事情一勺烩，利益盘结纠缠不清，更严重的是在不需要见解之处横生枝节，自我为难，就会活得苦而累。只有对此持有更高明的见解，才能走出纠结与心苦，活回轻松快乐的自己。

世间最难的路，是你的脑回路

01

毕业前的最后一课，老师在黑板上写下两个数字：8与3。然后，老师用力敲黑板："得多少？"

"11！"同学们齐声答。

"错！"

"……那就是5！"

"错！"

"……呃，明白了，应该是24！"

"错！"

"……不是加法不是减法，也不是乘法，那就是8的3次方，应该等于……"

老师一敲黑板："这就是两个没有联系的数字，8与3。它什么也不等于，因为这两个数字并没有计算关系，是你们自己脑补了加减乘除立方！等你们离开学校，进入社会就知道，这世界就如同这两个数字，始终冰冷冷地摆在这里。而你们的大脑，会自动脑补出各种关系，并因此让自己陷入烦恼之中。"

02

初入社会的年轻人，经常会被讥评社会经验不足。什么叫社会经验不足？就是还无法区分现实与脑补。

民国年间，有个大学生叫小彭。小彭聪明，有才，通读东西方经典。许多大家只听过名字的厚书，他能全本背下来。这么聪明又努力，按说小彭在学校应该很受老师和同学们的喜爱。可是教授们却一致认为小彭同学没什么出息，谈不上才子，最多算个混子。

小彭大度，不和教授一般见识。他除了听课写诗，研究学问，业余只做两件事：每周去一次旅店，和做生意的表哥会面聊天，了解人情世故；每个月都要买彩票，渴望中大奖。

小彭不是贪图享受，而是为了他心中那纯真的爱——他暗恋同班一个姓柳的女生，那女生很漂亮，雪白的脖颈，玲珑凹凸的身材，走路时两脚保持一条直线，用现在的话来说，就是迈着猫步。小彭疯狂地爱着她，偷偷为她写了好多好多的诗，却从不敢当面说话，更不敢表白。因为每隔一段时间，都有个肥胖的大叔来学校找小柳。

这时候的小柳，就会眉目凄楚，满脸痛苦，跟着肥胖的男人出去。这个胖男人，到底是什么人呀？小彭悄悄地打听了一下才知道，他暗恋的小柳有才又有貌，但是家境苦寒，读不起书。结果，一个有钱的肥胖大叔相中了小柳。这个肥胖大叔出钱让小柳读书，给她置办行头，还出钱照管小柳的家人。这不就等于美丽聪明的小柳被卖给了肥胖大叔吗？

知道这些情况后，小彭同学很伤心，他恨自己无能，恨自己的年轻与脆弱，在最无力的年龄遇到最美的爱，却不能让心爱的人过上自由快乐的生活。所以小彭开始买彩票，希望苍天开眼让他中奖。那么他就可以拿钱，赎回心上人的自由与爱。

小彭同学有个梦。他梦想着买彩票中大奖之后，把这些钱连同他偷偷写给小柳的诗集，拿给小柳。小柳同学感动哭了，粉泪盈盈，无限柔情，扑进他的怀抱里。很美好，却只是梦——他始终没中奖。

这一天，他又买了彩票，然后去旅店找做生意的表哥聊天。表哥有事儿出去了，留张纸条在房间，让他等一会儿。小彭同学就躺在床上，无聊翻书等待。忽然间，小彭听到隔壁房间传来一个让他魂牵梦萦的声音，是小柳同学，还有肥胖的男人。

早年间的旅店，根本没有隔音功能，房间里的动静，隔壁听得清清楚楚。当时小彭同学，木头人一样躺在床上，听着隔壁的声音。

小柳同学在笑，欢快而又无忧无虑的笑声。还有胖男人的声音，声音里充满怜爱和关切的语气："宝贝女儿，这是你妈妈亲手做的糯米糕，你再多吃几块。"

小柳："不能再吃了，再吃我就胖成猪啦。"

胖男人说："就算我女儿胖成猪，那也是一头美丽的猪。对了女儿，你都上学这么久了，就没个像样的男生向你表白吗？"

小柳："表白个头哟，你不知道学校里的男生，全都是眼神直勾勾的神经男，一天到晚就知道买彩票，渴望着中大奖，被这种神经兮兮的男生表白了，还不如死了的好。"

胖男人："哪有你说的这么严重，总之……"

小彭同学听着隔壁的交谈，脑子一片混乱。是哪个家伙忽悠他，说小柳同学被胖男人霸占了？人家是父女！

他的爱，他的情，他的诗，他的表白，全都是建立在小柳同学生活在水深火热之中，等待着自己的拯救之上的。可现实是，根本没人需要你的拯救。你能从又傻又天真的状态中拯救出自己，就功德无量了。

当小彭同学知道了事情真相后，并没有勇敢地向小柳表白，而是继续买彩票。为什么呢？他习惯了。现实虽然如此，但小彭同学仍然生活在自己的臆想之中。失去这些脑补，他就无法理解外在的世界。

03

脑补这种事，补得好叫抓住本质，是智慧的表现；补不好，就会坑自己。

几年前有一则社会新闻：一个白发苍苍的老奶奶，89岁了，却顶风冒雪，在路边摆小摊，艰难生活。有人拍了照片发到网上，引发无数同情的泪。一夜之间慈善账号公布，善良人士纷纷解囊，善款达到几十万元。

岂料突然有人爆料，老奶奶生活贫困是不假，只不过，这可怜的老奶奶有七个子女：有大学讲师，有公务员，有私企老板……七个子女中不乏成功人士，个个体面光鲜。可这些有钱子女，却不理会高龄老母亲的死活，反而骗取善款，还有良知吗？

霎时间舆论如潮，让这些"狼心狗肺"的子女沦为众矢之的。可实际情况是这些"不孝"子女真的好冤。这位89岁高龄的老母亲，生长在农村，完全是靠自己的辛勤劳作把孩子们拉扯大。等到孩子们进城，就业，头一桩事儿就是把母亲接进城享福。

可老奶奶进城后，不做事就全身不自在，反倒会闲出病来。进一次城，大病一场。花钱吃药不说，还活得憋屈，不开心！

终于有一天，老奶奶勇敢地走上街头，摆起了小摊。嘿，这下好了，每天风里来雨里去的，老奶奶越忙碌越硬朗，身子骨倍儿棒，吃嘛嘛香，百病不生。

子女们多次商议，最后达成共识：对老人的最大孝顺，就是尊重她的生活方式。让她去摆摊，风里来雨里去，去遭罪。只要身体硬朗，总比看似清闲却百病丛生好得多。这就是这家人的实际情况，但人们只认自家的脑补。看看白发苍苍的摆摊奶奶，再看看那一个个光鲜体面的子女，自然而然地就脑补出了狼心狗肺的不孝子女遗弃老母亲的惨剧。纵使老奶奶的子女们做再多的解释，也是枉然。

幸亏这些子女们有智慧，料准新闻只热三分钟，过几天就会有更凄惨的爷爷奶奶出来抢镜，所以他们只是咬牙顶住，不为所动。

果然，几天后舆论热点转向，老奶奶继续摆她的小摊，身子骨硬朗如昔。只是老人家很困惑：不是说有人要给她几十万元吗，钱呢？

04

哲学家休谟说："一切因果关系，都应该重新审视。"

人是因果生物，依据因果规律而行动。但是，因果关系是抽象的、不可见的，只能用脑补。脑补质量的高低，反映着一个人的智力水平。有智慧的人，能够在多重脑补中厘定那个最优质的。普通人之所以普通，就是因为他们的脑补是唯一的，而且没有鉴证的技术手段，由此而滋生出无端的麻烦与困扰。

05

世间最难的路不是套路，是你的脑回路。

男朋友说："你刚买的洗面奶，是生姜味的啊。"

女生听后，觉得男朋友蠢得连青柠和生姜都分不清——然后想起男朋友不喜欢吃生姜——然后想起为他做的好些菜都没有放姜，然后想起自己不爱吃青椒，男朋友却每次都不记得，然后想起男朋友上次居然记得前女友不喜欢吃豆芽……

于是女生收拾东西走人，扔下一句话：你自己一个人过吧。

男朋友一脸茫然。

这是网络上经典的脑回路。但实际上，男性的脑回路比女性更复杂。

迷陷于自我构设之中，把个案普遍化，把偶然当必然，把自己的偏好当成放之四海的标准，所以我们才活得累，活得苦，活得满腹心酸又心有不甘。

累是因为在自己脑回路中绕得太远，苦是因为陷入太深，满腹辛酸，苦和累皆是因为现实太简单，不认我们的脑回路。心有不甘，是因为找到正确的脑回路并不难，但我们始终没有去做。

修正低劣的脑补，只需要回到世界本源，过滤掉思维中的一切抽象概念，从事实出发，重新建立逻辑关系，并对新连接持怀疑态度。只接受事实与事实之间的概率性，摒除绝对化，这时候我们说话做事，就不再那么主观，就会逐步提升智力水准与认知水平，回归于简单世界。活在简单与纯粹之中，无忧无虑，无恐无惊，才会获得快乐无虞的人生。

没有过不去的火焰山，没有过不去的通天河

01

先出一道题，走走脑子。话说有一年，美国总统大选。大选这事，开销很大。上电视，做海报，做各种标语、口号、宣传手册、宣传单，都要花无数的钱。

有位候选人，斥巨资印制了宣传单，吩咐大家广为散发。可是有位老兄心细，他先拿起宣传单看了看：等等，这宣传单有问题。有什么问题？宣传单上有张照片，照片上有行小字标注的是摄影师的版权。

这扯不扯？用了人家的版权照片，万一宣传单发出去，被人家告到法庭——那摄影师可就脱贫了。

宣传单不能发，除非先给人家打钱。可打多少钱合适呢？万一人家狮子大开口呢？万一人家压根不同意你用这张照片呢？

现在，你是这位总统候选人的智囊团顾问，请你给摄影师打个电话，利索地解决这个问题，不然立即炒你鱿鱼！

在电话里，你该怎么跟摄影师说？

02

耶鲁大学校长彼得·沙洛维曾对学生们说："孩子们，你们读书学习，一定努力做狐狸，千万不可太刺猬。"这话是什么意思？

狐狸脑子里多种体系并存，体系认知相互矛盾，但能够游刃有余地解决问题。刺猬脑子里只有一种理念，凡事用此解释，解释不通就是现实有毛病。

狐狸遇到问题时表现灵活，没有过不去的火焰山，没有过不去的通天河。刺猬遇到问题只会赌气对抗：凭什么？凭什么我这么倒霉，老是遇到问题？

狐狸和刺猬，是指两种不同类型的人。当然人类非止这两种，更多的介于狐狸与刺猬之间。但越是靠近狐狸，就越是通权达变；越是靠近刺猬，就越是执拗冥顽。

03

耶鲁大学的校长是个文化人，人家的话可不是乱讲的。人类社会上，举凡活出名堂，干出事业，快乐自在的人，多半都不太像人。他们往往比狐狸更像狐狸。

04

计算机，大家都熟。这世上怎么会有计算机呢？起因是个数学家，名叫冯·诺伊曼。他在普林斯顿大学教书。忽然有一天，他觉得应该制造一台会计算的机器，帮他节省演算草纸，就给校方打了个报告，申请10万美金的研制经费。

校方看到报告就乐了。开会讨论说：老冯神经了，数学家嘛，给他一支2B铅笔、一叠白纸就够了。张嘴就要10万美金，有没有搞错？他怎么不上天呢？

申请驳回，一分不给。不给？老冯就炸了，你看我这个暴脾气，得让校方知道我的厉害。

于是老冯就给哈佛大学写了一封信，意思是自己想跳槽，去哈佛大学教书。哈佛大喜，马上寄来聘书，开出很高的年薪。

老冯把哈佛大学的薪资条件写信告诉了芝加哥大学，芝加哥大学赶紧开出更高的价。

老冯再把这两所学校的开价告诉第三所大学……就这样，他向每所大学表示跳槽之意，因此争夺他的人越来越多。

然后他拿着一大堆名校名院的聘书去找校长："校长，你看这事……"

校长急了："怎么了，老冯，我没亏待你吧？你怎么背后捅人家刀子，想跳槽呢？"

"这不是……你不肯通过我的预算吗……"

"行，行，不就是10万美金吗，给了。"

老冯拿到这笔钱，从此机械智能的历史就开始了。玩的就是心跳，专家最会撒娇。如果冯·诺伊曼太实在，只知道跟校长讲道理闹情绪，事情会这么容易吗？

05

其实我们都是狐狸。之所以会出现刺猬思维，那是因为心里赌气。凭什么？凭什么别人做事顺风顺水，轮到我却处处不顺？

其实呀，这世上每个人面前，都有无数人拦路，存心不让你过去。

但是狐狸思维，知道这种情况是个常态，不生气，不抑郁，想个办法绕过去。

06

世上有件难干的差事，叫美国总统。总统有权，只是说了不算。国会各种扯皮，各种捣蛋。比如说，林肯出任美国总统时，提出了废奴法案，不许再有奴隶，给每个人自由。多好的法案啊，可是国会连哭带闹，打死不同意。怎么办呢？智囊团束手无策，来找林肯讨主意。

林肯给智囊团讲了一个段子：兄弟我早年是律师，有次遇到个女生，嫁了一个品行低劣的老公，女生一怒之下，抢起菜刀把老公给杀死了。但在当地法庭上，杀死老公是要判死刑的。我就接了这个案子，替女生辩护。

我到法庭时，女生对我说，律师，我有点口渴，哪里有水喝？

我回答她，田纳西州有水喝。

那女生很聪明，立即听懂了我的话，知道我在说，在田纳西州，法律不一样，剁了人渣老公，是不会被判死刑的。于是女生趁人不备跳窗逃走，一口气逃到了田纳西州，最终活了下来。

智囊团听懂了，心领神会，立即出动，去找国会议员。听话的，给钱贿赂；不乖的，揭露其隐私，让对方下台。就这样拉到了过半的支持票，最终通过废奴法案。

至今人类仍然称颂林肯伟大。他伟大就伟大在：为了正义，选择做狐狸；不做刺猬，跟自家赌气。

07

科学家脑子活，政治家心眼多。不然的话，为政客者，肩不能扛，手不能提，没专业没技术，却厚着脸皮坐车子拿票子坐位子，凭什么？凭的就是狐狸般的心机。

回到本文开篇的故事。那位总统候选人，就是大名鼎鼎的罗斯福。

他当时脑壳进水，误用了人家的版权照片。发现这个纰漏后，大家赶紧来找他，商量跟摄影师谈判时的价格底线。

罗斯福说，有没有搞错，还价格底线？这是典型的刺猬思维。我是谁？我是狐狸啊！立即打电话给摄影师，说我们准备用他的版权照片，给他做广告，问他能出多少广告费，或是政治献金。

嘿，这个办法好。

智囊团立即打电话，询问摄影师想出多少广告费。摄影师接到电话就哭诉，拜托各位爷叔，人家现在穷到饭都没得吃，你们还敲骨吸髓地朝我要广告费，我最多把今天的饭钱给你们，100美金，不能再多了。

不可以，至少要400美金，不能再少了。最后摄影师苦苦哀求，看在自己生存不易的情面上，把广告费压到了250美金。有多少可怜的朋友，明明遇到了机会，却因为狐狸的诡诈，让你机会失去，反而再遭盘剥呢？

08

耶鲁大学校长彼得·沙洛维说，刺猬思维，其实也不是一无可取。比如说，做学问，这需要沉下去，把功夫做扎实，这里玩不得半点机巧。好的学习方法固然需要掌握，但更要有对学问扎实研究的态度，狐狸之心只会坏事。但沙洛维又说了，我们为什么研究学问呢？当然研究本身就是快乐的。可你瞧瞧冯·诺伊曼，人家不给他钱，不让他研制计算机。如果他只做刺猬，不做狐狸，他还有学问可以研究吗？连研究的权利都无法保障，你还做什么学问？

再瞧瞧美国总统罗斯福，好歹也算伟人吧？可是他欺负盘剥人家摄影师时，眼皮都不带眨一下的。

大德不德，太上无情。你要是真有本事，先得把发挥你能力的资源抢过来。这事儿只有狐狸才能干成。而如摄影师一类的刺猬，纵然才华横溢，只能退以自保，缩成个球来保护自己。但最终的结果是，罗斯福这只老狐狸轻松地将刺猬摄影师掀翻，从肚皮吃起，最后把刺猬啃光光，留在苍茫大地上的，只有一张张刺猬皮壳。

这就是耶鲁大学校长要告诉每个孩子的话。

09

耶鲁校长沙洛维说，在对人生事物的判断上，最顶尖的专业人士跟普通人其实没两样，都是稀里糊涂，马马虎虎。那么，为什么专业人士广受尊敬，活得快乐开心呢？这是因为接受过狐狸式思维训练的精英，不固执，不僵化。他们不是得出结论之后，就止步不前。相反，他们会观察，会调整，他们今天的说法，可能跟昨天相反；他们明天要做的，可能跟今天不同。而且他们知道这一点，所以会承认自己的无知。

承认无知，就是智慧。所以那些刺猬式的人，总是无法理解这个世界。他们注意到了狐狸与自己的相同，却完全忽略了双方之间微妙的不同。

这个不同，就是永远要怀疑自己，而非彻底地否定自己。怀疑自己目前的选择，是不是可以调整到更好？怀疑自己的努力，是不是可以更有效率？怀疑那些无法解决的一切，会不会有个全新的思路？只有以狐狸式的努力，才能登上智力制高点，从任人盘剥的困窘状态，走向广阔的自由空间，从此成为智力贵族，把自己的智慧与爱，献给这美丽人间。

生活虐我千百遍，我待生活如初恋

01

行舟问渔夫，砍柴问樵子。入海不知水，多半被淹；砍柴不知山，铁定迷路。

人类社会中，最好知道点人性。否则的话，就会磕磕碰碰，撞得七荤八素，忙得七扭八歪，前后颠倒，却收不到丝毫的效果。然而，人性到底是个什么模样呢？

有位朋友在网上说，他小时非常聪明，但学习不上心思，老是惦记着看电视。

于是父亲就给他立规矩：你每天连续看电视的时间，不得超过两个小时，要把更多的时间用在学习上。

"好嘞……"孩子答应一声，却心如电转，开始琢磨父亲立下的规矩。嗯，每天连续看电视……连续看……连续看电视的时间，不得超过两个小时……连续……我知道应该怎么做啦！

次日起，孩子严肃地坐在电视机前，开始看电视。先看1小时59分钟，停下来休息1分钟；再看1小时59分钟，再停下来休息1分钟；再看1小时59分钟……

整整一天，这孩子就坐在电视机前，基本上没挪窝。

父亲察觉不对："……你，怎么回事？怎么没完没了地看电视？"

孩子就等着这句话呢，当即正气凛然："我每看1小时59分的电视，都会休息1分钟，从未连续看电视两个小时，完全遵守了你的规定，这有什么不对？"

父亲："……不是，这事不是对不对的问题，而是……而是……笤帚呢？我打死你这个调皮捣蛋的小兔崽子！"

父亲抢起笤帚狂抽，孩子一边拼命号啕大哭，一边发出惊天动地的质问："公道何在，正义何存？我严格遵守了规则，为何反遭殴打？"

程序员林刚先生，讲他做游戏时的糗事。他们的游戏，类似于《金庸群侠传》。玩家注册，进入游戏世界，就会遭遇金庸武侠中的各类人物。玩家要战胜这些角色，升级加分，获得奖励。

游戏中有一关，丐帮洪七公守在此处，只要玩家打败洪七公，夺得打狗棒，就能够获得最高加分。洪七公何等人物，神龙见首不见尾，根本不是普通玩家能打得过的。但是游戏上线没几天，管理员惊讶地发现，有几个玩家，打游戏的水平虽然很差，却忽然间获得极大加分。明摆着，他们一次又一次地击败洪七公，夺得打狗棒。但这是不可能的！

明明无法打败洪七公，玩家又是如何获得高额加分的呢？

管理员仔细一看，差点没晕死过去。原来，这几个聪明玩家注册了一个用户，名字叫"打狗棒"。

大家登录，围着打狗棒狂揍，把打狗棒打昏，然后扛过去换取加分——游戏程序有BUG，无法辨明玩家的打狗棒与洪七公手中的打狗棒的区别，见到打狗棒三字，就疯狂送出高分。

当时管理员气哭了：人家游戏有BUG，你告诉人家嘛，怎么可以钻空子呢？宣布加分无效，修补BUG。

然而，规则一旦出现漏洞，多半不止一个。

聪明的玩家，就在这些漏洞前面与程序员开始斗智斗勇。

程序员修补了漏洞，并实施极严厉的制裁措施——举凡利用规则漏洞者，一律注销。

惩罚不可谓不狠，只是效果不理想。

道高一尺，魔高一丈。玩家成帮结伙，找到漏洞后，先由一个玩家上前违反规则，获得奖励后，迅速把战利品送给同伴。这样一来，虽然违规用户被注销，但所获得的高分或奖励，已传递到了同伴手中，玩家毫无损失。

管理员果断制定新惩罚——举凡接受违规同伴奖励品的用户，一并注销！这个措施够狠！但效果也更差。

制定了新的惩罚措施之后，获得高积分奖励的玩家数量更多了。为什么呢？因为玩家太聪明，他们发现关联用户一并遭受惩罚，就改了玩法，先由一个用户违规获得奖励品，然后把奖励品丢在路边。

此后同伴过来：咦，地面有个奖品……人家可没有关联交易。你游戏纵然制定一万条规则，也不能禁止用户随地捡点东西吧？

玩家又赢了。编程人员陷入崩溃与抓狂之中。

02

这两个故事很搞笑，但你由此看到的是人性！

第一个故事中的孩子，完全明白父亲的意思，就是让他每天看电视的时间，不可以超过两个小时。

知道归知道，但当父亲说连续看电视不得超过两个小时时，孩子的心立即掀起了惊涛骇浪——他发现，父亲的话还可以有另外一种解读，规则制定得不严谨。于是他就按捺不住地想要展示一下自己的聪明，直到挨了父亲一顿暴打，才终止他的聪明展示。

孩子知道学习是对的，钻规则的漏洞，证明父亲的错误，只会换来暴揍，但孩子就是忍不住。

第二个故事中的玩家，也知道游戏不是这么个玩法，正常玩法都是打怪升级。可是你游戏有BUG耶！最让人激动的，莫过于在别人的错误面前，炫耀自己的智力优势。于是一个好端端的游戏，就变成了玩家与程序员斗智斗勇。

玩家当然知道游戏的正常玩法，但冒着被注销的危险找到游戏BUG，利用其漏洞让程序员抓狂的快感太过于强烈，让他们难以控制。

03

一半是火焰，一半是海水；一半是天使，一半是恶魔。这就是人性。人性一维二元，就是这样的纠结。

说事时，我们经常会问对方，你是怎么想的呢？这时候，对方脸上就会露出极度痛苦扭曲的表情——除非在高压下，此时所有人的心情都是相互矛盾的。他一方面想要配合你，承认你说得有道理；另一方面却执拗地想说，你用的某个字眼是错的，或是不周密的。说这些又会引发无谓的争论，他真的不想争论，但又控制不住争论的疯狂冲动。

家长训斥孩子，老板训斥员工，上级呵斥下级，女孩呵斥男朋友——凡此种种，你都会在挨训斥一方的脸上，看到倔强、强行压抑、不想争辩却又忍不住的悲愤表情。

人心的一半是合作，另一半是对抗。

并非是家长的训斥或老板的咆哮、上级的吼叫、女孩的愠怒真的有什么过错，而是对抗的情绪，让自己变成一副拧巴的样子。

正因为要对抗，要拧巴，明知道是对的，非要固执抬杠。有多少美好人生、大好事业，就是在这种有意抬杠、对抗情绪的控制之下毁于一旦的。

04

人与人，最难莫过于合作。因为人性是二元的，每个人都真诚地满怀合作意愿，同时又有着强烈的对抗情绪。合作意愿有多真诚，对抗情绪就有多强烈。越是事业无成之人，越是被此两种对抗的情绪牢牢控制，陷入激烈的内心争斗。

许多人一事无成，却日渐消瘦。他们哪怕是在沙发上躺一天，都会把自己累到半死——就是因为他们的心，陷于激烈的争斗之中，这种争斗消耗了太多的能量，让这些人日渐羸弱。

真正干成事业的人，大多数时间都处于工作状态之中，大脑不得空闲，这就脱离了内心的争斗。遇事做事，有话说话，活得干脆麻利，痛快爽朗。这类人体能没有被过多地消耗，心地纯净，纵然是活到老，也是生龙活虎，走起路来分外敏捷，仍然保持着孩童的天真，活得快乐而自然。

我们应该成为什么样的人？

答案不言而喻。

05

认知人性，学会合作。

人性是一维二元的，有合作要求，也有对抗冲动。哪怕是再圣洁的使徒，也无法逃脱人性的制约。没人能够控制天性中对抗的欲望，唯一的解决之道，就是让自己成为谋事之人。

谋事，心无杂念，不求什么合作也不想什么对抗，所谓合作不过是你的事业与他人事业自然的对接，双方在这个过程中各取所需，获得各自成长的机会。

如遇对抗，必然不是单方面的。我们自身并不完美，任何不足都会生出对抗情绪。有对抗是正常的，重要的是要学会化解对抗情绪，而非激化对抗情绪。化解对抗情绪首先是认知自身的情绪，激化对抗情绪则恰恰相反。

谁不是一边热爱生活，一边"不想活了"呢?

平静的心，温和的态度，微笑的表情，关注的眼神，所有这些，都会让我们的情绪回复到一种平和的状态。

如今的人类社会，再也没有孤胆英雄。再小的事业，也需要合作者的鼎力相助。不肯克制己身、对抗天性的人，就会被排除在社会化大生产之外，终日埋怨不休，却无法获得他人的认可。在这个世界上，每个人都在不懈努力，修习人性，改善自我。而我们自己，哪怕事业再如日中天，如果看不到别人的优点，不能和周围的人搞好关系，只知压制别人，也不会有什么成就。上善若水，君子不器。静坐常思己过，闲谈莫论人非。就从现在开始，放开心的纠结与固执，自然合作，放弃对抗情绪，走出积愤与幽怨，消弭情绪带来的错觉，获得充盈着智慧、自由与快乐的人生，这才是我们生命的"应许之地"。

如何找到最适合自己的路

01

有位爱耍小聪明的留学生，读书时和教授聊天。

教授问他："年轻人的薪水，要多少才合理？"

留学生："教授，您给多少我都要。"

教授说："跟你认真说事，别玩虚的瞎忽悠。你说，学生毕业后的薪水，应该多少才合理？"

留学生："教授您觉得呢？"

教授："越是年轻人，工资应该越高才对。因为年轻人开销大，要恋爱，要旅游，要交际，要结婚，要买房买车养宝宝，都是花大钱的。而工作年头久的人呢，生活问题差不多解决了，给再多的钱，也只能存起来，起不到钱尽其用的效果。"

留学生："教授高见，脑洞大开……不过现实好像正相反。"

教授："没错，现实自有其合理之处。工作时间久的人，积累多，经验丰富，智慧也足够，所以收入更高——可是孩子，你没听懂我的话。年轻人太可怜了，在最需要钱的时候，偏偏赚不到钱。如此残酷，年轻人的心理压力会有多大？”

02

多年后，这位留学生也当上了教授。他的课极受欢迎，每堂课都有三四百人听。

有次讲课，他问一个学生：“那位同学，别东张西望了，就是你，起来回答问题。”

那位同学站起来，两眼直勾勾地看着教授不吭声。

教授：“别紧张，慢慢回答好啦。”

学生艰难地张开嘴巴：“……呜……嘟……欧……我……”只是不停地说我，却说不出第二个字。

教授感觉不对了：“孩子别急，深呼吸，慢慢说，老师等你。”

“……我……我……我……我已经有三年，没有开口讲话了。”语罢，学生泪如雨下。

教授大吃一惊：“什么？三年没有讲话？真的假的？你在学校里，怎么可能不和人接触？怎么可能不说话？”

学生：“是真的，教授，我真的三年……没有说话了。”

教授：“……可这是为什么？你的室友呢？你的同学呢？他们为什么不和你说话？”

“大家嫌弃我，不和我说话。”

我的天，教授乐了：“同学，你真的好悲惨。还能再惨点吗？你要是再悲惨点，就赶上老师我了！”

03

青春困苦，暗黑无际。猫嫌狗弃，三年不语，确实好惨。但惨不过这位教授。

教授小学五年级时，因为讨厌考试，偷偷跑到教室，把全班的考卷给烧了。结果老师和家长手拉手，大脚板照他脸上死命踹，踹到他怀疑人生。

中学时，老师拿手指点他，他顺手一挡，被控殴打老师，当场被开除。

回顾老师的激情岁月，小学是天天挨揍的，中学是被开除的，高中是读夜校的，大学是多次重考，稀里糊涂考进来的。如此不堪，他又怎么成为教授，还去海外疯狂呢？因为他在大学时，遇到一位导师，改变了他的人生。

04

教授说的是真的。大学之前，他考什么什么不行，吃什么什么不剩。他也认定自己注定此生无为。但在大学时，他遇到一位导师。有次导师聊天，忽然指着他说："比如说他，就是一位天才。"

他差点被吓到："别开玩笑好吗？我是个什么烂样，我心里还没数吗？"

导师说："你之所以认为自己不堪，那是因为你考试成绩不行。但是，用考试的方法来分辨学生，是极低层次的分类方法。靠——不——住！

"实际上学生有四种：第一种是记忆型的，这类学生考试成绩会很棒；第二类是分析型，这类学生的考试成绩也不会差；第三类是整合型，但他整合的天赋恰好跟考试模式犯拧，所以就死定了；第四类是直觉型，就是一看问题，'嗖'的一声，射箭一般，答案就出现在脑子里了，可是答案怎么来的？他根本说不清。所以这类学生，也是逢考必败。应试教育，只能挑出前两类学生，后两类就当垃圾扔掉了。"

导师说完后，他当时就震惊了："什么意思，导师？您是说，我还可以再抢救一下？"

意识到人生还可能有希望，他当时差点没给导师跪下。

"导师，导师……快告诉我，我是哪种类型？又该怎么抢救？"

导师说："四种类型的学生，前两种省心得很，只要跟着应试教育的节拍舞动就是了。而后两种类型，整合型及直觉型，必须自救，自己拯救自己。不要被不对你胃口的应试教育，给埋没，给搞死！"

导师说："整合型学生和直觉型学生，需要捞偏门，迈过界，跨学科，才能玩得起劲儿。

"要选择人类文化中最核心的三门科目，作为跨界起点。一是历史，历史满满的全都是人性，掌握了人性，就有了智慧。二是经济，经济是人类唯一的共性，哪个国家的人都得吃饭，哪个时代的人都得吃饭。吃饭伴随着人类的一切活动，人类的一切活动围绕着吃饭。人类的一切目的都是吃饭，吃饭唯一的目的是攒力气吃下顿饭——把这个问题弄清，就解决了所有问题。三是音乐、艺术或数学，数学就是音乐，音乐与人生命的节律神秘呼应，实际上人类的基因就是个乐谱，生命不过是基因的鸣奏曲。有人活得智慧精彩，生命奏响的是传颂千古的名曲。有人却瞎弹，好好的生命乐谱弹出的全是噪声。而艺术不过是平面或立体的乐曲，说到底都是一回事儿。能把这套东西弄明白，这辈子管够了。"

05

教授说："我就是听了导师的训导，开始着手改善自己的学习方式。我在大学里读的专业是环境工程专业，这是一个专攻治理环境污染方向的专业。而当时工业还不发达，环境干净，根本没有什么污染。所以学不懂，学不明白，也学不进去，更不明白为什么学，学了有什么用。自从听了导师的话后，我每天用60%的时间，继续努力专攻学业，即使学不明白，也要硬着头皮掌握专业体系。我再用40%的时间，研究这个专业的历史，然后把这两个不搭界的东西有效整合在一起。我找到了最适合自己的路，也走出了人生的迷茫与阴霾。你也可以哦。"

06

谁的青春，不是惊心动魄险死生还？这位走出人生低谷，走上大学讲台的教授，名叫张文亮，在台湾大学执教。

之所以说教授鸡贼，并非不尊重人家，而是钦服于张教授的狡黠和机智，竟然能在重重压力之下，在近乎无路可走的困境中，找到压力的因由与答案。是他，第一次从学理角度，告诉我们应试教育的缺陷。应试教育最大的弊端，就是太过于急功近利。筛选人才的技术和标准太粗糙、太原始，超过半数的好孩子，被这道筛子当垃圾筛掉了。

每个孩子的成长节律是不一样的。有的孩子是生菜型的，洗洗就可以上桌，学上一会儿就会见效；有的孩子是牛肉型的，虽然有营养，生吃不消化，需要小火慢炖，需要熬煮更长时间，才能慢慢地透出氤氲香气。

生菜型的孩子最适合考试，但考试终有一天会变成实践。再也没有标准答案，再也没有对错可言。有的，只是你每天进步了多少。

牛肉型的孩子听到考试，感觉就是世界末日。他们必须如张文亮教授这样，自行杀出一条血路来，才有机会运用自己的优势和特长，从容面对世界。

07

俞敏洪说，有一份统计数据，对大学成绩前10名和后10名的同学做过调研，以20年一个阶段来说，大学最后10名的同学财富总量及获得的社会地位，居然比前10名同学还要高。

这说明什么？说明了虽然财富或社会地位，并非是人生的全部，但所有人，始终是不断地挑战自我，挑战生命极限，挑战"无法超越的高度"。总有人如张文亮教授那般，不被一时的压抑所局限，不接受狼狈不堪的命运，永不放弃，永远期盼，永远都在不懈寻找与努力。最后的赢家，必然是他们。

08

年轻人的压力，真的很大。在一次采访中，有个年轻人哭着问导演贾樟柯："谁能救救我们？"

贾樟柯说："我的回答，可能让你心里超不爽。什么叫谁来救救你？你才是自己的主人！除了你，谁也救不了你。你必须忠于自己的感觉，认真思考，不要厌烦，不要放弃，不要敷衍。"

如果你感受到了压力，那一定是还没有找到最适合自己的方法、方式和方向。你和任何人都不一样，适合别人的，未必适合你，被别人嘲笑的，可能正是适合你的。每个人的青春，都是一条弯路。不停地试错，不停地调整，走弯路才是人生的常态。

其实人生最重要的事就是，找到自己，找到最适合自己的路。这是你的任务，只有你自己才能完成。越是压力巨大，越需要沉静。这条路其实就在你心里，非唯沉静，不足以突破迷茫与困惑，不足以发现被外界嘈杂与重重否定掩埋遮盖的内心答案。

谋局不过人心，处世无非人性

01

2017年5月22日，英国的大城市曼彻斯特发生了恐怖袭击事件。一声巨响，伴随着鲜血与尸体，炸出了人性的晦涩与悲凉，让一个善良天真的小女生哭得稀里哗啦。

小女生名叫爱莉安娜·格兰德，是美国最走红的"90后"人气女歌手，中国的歌迷亲切地称呼她为"A妹"。

A妹之所以深受广大歌迷喜欢，是因为她出道较早，成名却不易。初时败走百老汇，转道网络才一战成名。可以说是歌迷的热爱造就了A妹，所以A妹与歌迷之间相亲相爱，互动频繁。

据公众号"英国那些事儿"的报道，A妹曾给歌迷买午餐，看望生病的歌迷，帮歌迷张罗学费基金……总之，A妹热爱歌迷们，歌迷们也狂爱A妹。

而曼彻斯特的恐怖事件，正是发生在A妹的演唱会上，死者多是A妹的歌迷。

事发之后，A妹悲声痛泣，接连向歌迷们道歉，联系遇难者家属，承诺为他们承担丧葬费用——尽管这一切不是她的错，但对歌迷的爱，让她难以释怀。

为昭示人间大爱，回报歌迷，她将在曼彻斯特举办一场慈善演唱会，为受难者们筹集善款。

可万万没想到，另一种类型的恐怖分子又来袭击，让A妹的爱与善再受困扰。为了完成筹款善举，A妹力邀了许多大腕出场。这些重量级的歌星不是为钱而来，有的甚至要自搭差旅费用，只为心中温暖的爱，接受了A妹的邀约。接下来是票务。按A妹的想法，曼彻斯特恐怖事件发生当时在场的14 000余名观众，可以在网上注册信息，免费领取一张门票。说过了，暴恐案与A妹无关，她本人也是受害者，是幸存者。而她能为歌迷们所做的，只有这些。

余下来的票，40英镑一张——便宜到没天理，只为善行，无怨无悔。可万万没想到，当初在演唱会现场的只有14 000多名观众，可当售卖网站开放，竟然有25 000人注册，他们信誓旦旦地声称自己是上次的受害者。明摆着，至少来了10 000多个骗子！

更令A妹震惊的是，出售的门票不到6分钟就被一抢而空。而后"黄牛"现身，大模大样地开始兜售A妹的慈善门票——400英镑一张门票，价格翻了10倍。

这就全乱套了。首先，注册要求领取免费门票的达25 000人，近乎两个人中就有一个骗子。谁也没办法把这么多的骗子，从好人堆里挑出来。其次，门票被"黄牛"抢光，真正的歌迷怨气冲天，让A妹感到震惊之余，更加内疚。

她高估了人性，这表明她是个内心纯净的小女孩。然而人性就是人性，绝不会因为你纯净或你是女孩就发生改变。

02

谋局不过人心，处世无非人性。我们在这世上思考，成事，都是在和怪异的人性打交道。

不了解人性，就会如善良纯真的A妹那样，徒有一腔善良愿望，却给了骗子钻空子的机会。

想弄懂人性，不妨从一部极怪异的国产老剧说起。这部由王志文主演的电视剧《天道》，喜欢它的人都曾看过许多遍。拦江书院有位学士，自称他打19岁起开始看《天道》，到现在每年至少要看一遍《天道》，他10年间看了17遍。

而另外一些朋友完全看不懂，多是看个开头，说什么也无法再看下去。不喜欢这部电视剧的朋友说，这根本不像是一部电视剧，总感觉看起来怪怪的。

没错，因为这部戏演绎了极奇怪的人性。

人性是多变的、不确定的，很难拍出一部透析人性而又颇具看点的电视剧。但这部戏已经很努力了，本着拒绝剧透的魔鬼法则，我解说一下剧中有关人性的片段。

电视剧《天道》，讲述了一个美丽的女警官爱上了一个租房而住的落拓男子。美貌女警官倒贴，落拓男子还满脸不服不忿不乐意。

当然，最后落拓男子还是乐意地接受了女警官。乐意之后，女警官带落拓男子来到荒山野岭，说："我爱你，也知道这份爱让你好委屈，要不你送我一个礼物吧。"

落拓男："人家两手空空，吃饭都赊账……你想要什么礼物呀？"

女警官："看前面，有个小村庄特贫困，是贫困县的贫困村。你把这个村子搞富裕了，以后我们分手了，也算给我留下一个念想。"

落拓男："那咱们就让这个穷村子富起来吧。"

落拓男来到穷村，村民奔走相告："来大老板了，扶贫来啦，各家各户赶紧出来分钱啊。"

落拓男："分哪门子钱呀，我一分钱投资也没有，只给你们带来几句话。"

村民："……呃，什么话？"

落拓男："成事之法，无非一句话，忍人不能忍，能人所不能。在忍与能之间的，就是你们的生存空间。你们对痛苦与屈辱的忍耐度必须比别人更强，你们的能力线必须比别人更高，那么你们的生存空间，才能比别人更大。"

村民："听不太懂……然后呢？"

落拓男："然后，我帮你们在北京成立一家音响器材公司，公司给你们村子下订单，产品销往海外，表面上是启动国际市场，实际上只是布一个局，向一家国内顶级音响霸主公司发起游击战，目的是迫使他们割下一块肉来……这事儿不能说得太细，说细了你们也听不懂，总之，赶紧行动起来吧。"

所有的村民半信半疑，但横竖正值冬季，无事可做，就听了落拓男的话，轰轰烈烈地忙了起来。

这位落拓男表面上穷困潦倒，实际上是一位洞悉人心和人性的资本高手。他虽洞悉人心和人性，熟知社会规律，却偏偏不肯接受这些，这导致他成为一个纠结之人。明明可以心平气和，却非要把自己弄成连狗都嫌弃的落拓男，大概的意思是想让自己远离繁华，以便于更近距离地接近智慧。

美女警官正是意外地发现了落拓男胸藏的机蕴，才飞蛾投火，义无反顾地爱上他，并要求他送给她这样一件奇怪的礼物。

落拓男完成穷村布局后，就和昔日的朋友会面。这位朋友是北京一家大型企业的老总，而他的总裁位置正是得落拓男指点才获得的。当初这位老总在争总裁之位时，他有两个重量级的对手。于是落拓男指点他："你宣布退出，排在你前面的两个对手就会相互咬起来，最后必然是两败俱伤，谁也做不成事，你就可以不战而胜。"

当时老总忧心忡忡地问："如果他们两个不相互咬呢？"

落拓男："我说的是人性。除非他们不是人，是人铁定相互咬。"

事情的发展果真如落拓男判断的那样，排在前面的两个竞争对手互相撕咬的结果，是让排第三的这位老总顺顺当当地登上了总裁之位。

所以当老总再见落拓男，第一句话就是："你好奇怪啊，竟然送女朋友这种礼物。更奇怪的是，你明明是在帮助村民，却又处处防着他们，为什么呢？"

落拓男："不为什么，只因为村民都是人，所以必然有着人类的天性！"

落拓男说："贫困，犹如人落井底，所见寸光，已经看不到世界的全貌。帮助他们，首先是防范吃大户心态，最要紧的，是让他们绝望，彻底打消掉倚靠别人的想法。穷人一定要明白，改善处境，只能靠自己！他们一定要在坚忍之中，慢慢提升自己的生存能力。倘若你想让他们不受苦，免去这个过程，就必须加大投资。但你无论投入多少钱，也无法补足他们根本不存在的能力。那么你投入的巨额资本，就会被一群没有能力素质又低的人吃光耗净，最后连同你也沦为和他们一样的人。不熟知人性，你不仅扶不了贫，还会被贫困之人拖入井底。"

除了你自己，全世界都帮不了你！

03

《天道》这部剧，净说些大家不爱听的话。生长于美国的A妹，铁定不喜欢这部戏。

她的心是敞亮的、透明的，只有善与爱。所以她为自己的14 000多名歌迷提供免费门票，就是因为她认为每个人都和她一样真诚善良，不蒙不骗不吃大户。结果招来一万多个骗子，外加许多倒票的"黄牛"。

A妹的内心一定是崩溃的。唯愿A妹的心，不要因此而变冷。也千万别学

《天道》中的落拓男，找个没人的地方躲起来——你躲得过别人，却躲不过自己。一切人性皆在你心，与其无谓地逃避，莫如勇敢地面对。

04

人性本无善恶，全在于你如何激励。

你与别人的互动，一定要预留出他人的能力空间。要给别人成长的机会，让别人成长，这才是最大的善。千万不要把你的手伸入对方的能力范围之内。这种行为根本不是什么善行，而是抑制他人成长，激起对方的怠惰与依赖心，这是恶之极也。这是明智人生最不可取的。

05

善与爱是最美丽的。认识到真正的善与爱，就是智慧。

稻盛和夫说，小善近于恶，大善最无情。每个人都有自己的人生成长之路。每个人所遇到的人生难题，都是一次能力成长的机会。万万不可越俎代庖，以所谓的好心引发人性的崩塌。

所谓善，是把事情做到恰到好处；所谓爱，是对他人独立成长与人格的尊重。

知而不言，笑而不语。人生最大的智慧，不是疯狗一样天天盯着人性中的不堪之处，"汪汪汪"地狂吠，而是洞悉善意本身，所行所为，总是能激起人心中善的回应，激发人的成长天性。要做到这一点并不难，无非是尊重每个人的权利意志与边界，尊重他人的生活，不侵犯别人的成长空间。帮助别人，并非是为了别人，只是自我人生事业的营造。

成就自己，才是成就他人。

这个世界，曾有过无尽的美好，以后还会有更多的美好。正如孔子所言，天何言哉？天何言哉？善行如太阳划过天空，只是它自己的固有规律。天地万物在此中沐浴阳光雨露，与太阳有何关系？真正的无迹之善行，只是遵从自我的生命意志。我在这里，我做喜欢的事儿，我成就自己。没有人需要你居高临下的恩赐，更不会有人对你所做的一切表示感激。只有当你明了这一点，才会心智洞明，察知这天地之间温暖的爱与绵绵不绝的慈悲情怀，自始至终在我们每个人心里。不妨侧耳倾听，心中那绵长持久的爱，始终是同一个声音：做最好的自己！

跳脱认知的禁锢，才能识破人生迷局

01

人与人的区别，就在于认知。同一个世界，同一个问题，每个人看到的东西不一样，得出的结论不一样，采取的行动不一样，最终的结果不一样。

02

说个听来的故事。有个社交场合，好多朋友聚坐闲谈。这时候正好有一架飞机从空中飞过。

一位老军人仰头，充满自豪地说："知道这飞机是从哪儿起飞的吗？就是在最近的那个机场。那个机场，是我们修的。"

众人瞪大眼睛："这是个大项目，赚了多少钱？"

老军人笑了："赚什么钱，这是老早时候的事了。那年月国家穷，我们当兵的，都怀着一腔热血，矢志无私奉献。所以，那个机场完全是我们军人义务劳动修建的，一分钱也没有，而且是自愿出工，自带工具。正因为我们军人的无私付出，才有了千千万万的机场与公路，才有了我们今天的幸福生活。虽然我们没有赚到钱，但这恰是我们的光荣与骄傲。"

大家肃然起敬，纷纷鼓掌。

老军人羞涩地向大家敬礼，起身离开。

03

老军人走了，现场有个商人说话了："我对于军人，是打心眼里尊敬的。只是感觉这事不完全对。"

大家问："哪些地方不对？"

商人说："这事怎么说呢，什么叫国家穷啊？瘦死的骆驼比马大，再穷的国家也比个人富吧？就算是当时没钱，事后也应该弥补吧？我也不是对义务劳动有看法，但是作为一个国家而言，最重要的莫过于规则，规则莫大于公平。国家的正常运行，不能总是要求个人单方面的付出奉献，而应该建立在公平交易、良性循环的基础上。诚实的劳动，勤恳的付出，合理的报酬，这是每一个国民都应该享有的尊严。如果这个尊严得不到保护，很难想象还能持续多久。"

众人礼貌地点头："有道理，你说的也有道理。"

商人得到赞许，很高兴地离开了。

04

商人离开后，一个道德学家起身说话："刚才那个商人说的，不完全对。我不是反对公平，也不是不支持规则，而是从社会总体的角度上来看，一个社会不能走入狭隘的交易误区。如果凡事都以冰冷的金钱来衡量，这世上还能剩下多少温暖？如果军人的无私付出，都得不到脑满肠肥的商人一句公正的评价，这意味着何等的伤害？如果无私奉献都换不来应有的尊敬，这个世界又会变得多么的寒冷？"

大家原本就对刚才的商人所言不以为然，此时听了道德学家的这番话，顿报以热烈的掌声。

道德学家很谦和地站起身，向大家致意退场。

05

道德学家走了，一个经济学者走了出来："刚才那位道德学家说的，我很赞同。但是，当我们诉诸情感，单纯地满足于道德优越之时，是不是更应该从学理的角度深入地思考一下问题？从经济学的角度上来说，一个机场从动工到修建完成，就创造出了财富的增加值，财富总量加大，国家所发行的货币也相应地增加。这增加的货币量，就与军人们义务修建的机场有关。可是军人们并没有拿到钱，事后也没有补偿。那么问题来了，这钱谁拿去了？事先声明，我对军人尊重有加，更不会反对义务劳动，同样也希望世界充满爱。可是钱呢？谁把军人的钱拿走了？回到经济学的本原上来，一个国家，处于贫穷之时，需要负债经营。换言之，国家最好的办法，就是以负债的方式，支付修建机场的费用，让财富回归社会，加大货币的流通量。说过了，本人尊重所有的奉献与牺牲，但在国家贫穷时的义务付出，实质是抑制货币流通的，不利于国家的长足发展。"

经济学者说完，众人惊愕片刻，突然一起鼓掌。

经济学者招手致意，退场离开。

06

经济学者走后，又一个社会心理学大师走出来："刚才那位学者的讲话，我很赞同，很受启发。但是，人类社会的构成非只经济这一个维度。很多事情，是很难交易化的。比如说，家庭、朋友之间，邻里乡亲，甚或是一个公司或组织内部的一个个小团队，这些隐秘的微小社会单元，更强调的是合作。合作并不排斥交易，但万万不可凡事交易化。价值是主观的，价格是估算的。如果凡事交易化，带来的结果是合作者各自高估自己的贡献。是以，有些恩爱夫妻成为怨偶，就是因为双方过于高估自己的付出。是以，有些朋友反目成为仇人，就是高估了自己在友情中的价值与作用。是以，许多团队纠纷不断，就是因为团队中的每个人都感觉自己吃亏了。世上没有每个人都吃亏的生意，却存在着凡事都感觉自己吃亏的人。所以我可以就此回答刚才那位学者的问题：谁把义务劳动的报酬拿走了？答案是：没有人拿。又或者说，每个人都拿了。因为这个报酬无法从庞大的经济总量中细筛出来，军人的付出如输入社会肌体的鲜血，融入我们每个人的身体里。新建机场增发的那笔钱，汇入货币总量之中，出现在我们每个人的钱包里。"

现场寂静片刻，旋即爆发出热烈掌声。

大师脱帽致意，退场。

07

社会心理学大师退场，系统学家走出来："一个社会，犹如一个完整的有机体，需要有序良性地运行。

"正如人的身体，内有心肝脾肾肺，外有口眼耳鼻舌。每个器官各司其职，但同时也都在消耗人体组织的能量。是以，任何一个器官，须大小适度。小了固然不好，但如果太大，就会对其他器官造成挤压，反而妨碍人体健康。比如说，肝脏是人体的五脏之一，以代谢功能为主的器官，起着去氧化、储藏肝糖、分泌蛋白质的合成，以及制造消化系统的胆汁等作用。人体不能没有肝脏，但如果肝脏过大，那就要去医院挂号看病。社会也同样如此。义务劳动好不好？没人敢说不好。但义务劳动之所以赢得尊重，就因为它与人体中的肝脏一样，被局限于有益的范围里。如果这个范围过大，正常的商业行为就会无端遭受指责，合法的交易因而承受巨大的道德压力。所以商人第一个站出来说话，因为他感受到了强烈的心理不适。这就如同人体肝脏过大，挤压到了其他器官那样，会引发诸多器官的不适应。我们这个社会需要军人，也需要商人，需要道德学家，需要经济学者，同样需要社会心理学家。这就好比人体的五脏，大家各自做好自己的工作，相互尊重，相互扶助，这个社会才会越来越好。这是我的一点拙见，不知大家是否认可？"

众人点头鼓掌。

系统学家微笑退场。

08

系统学家走了，一位认知学家走出来："军人义务修建机场，是个事实。这个事实构成了当事人生命的记忆，因此他引以为豪。在这个当事人引以为豪的事件上，我们先听到了掌声，这是第一时间的心理冲动，是我们的社交本能。

"然后我们听到了商人的情绪，接下来听到了道德学家的立场。此二者相互对立，并因对方存在而存在。

"接着我们见到了事件的经济维度，并引出了事件的社会心理维度。此二者仍是对立体，构成新的认知层级。

"由此我们知道，当我们面对一件事情时，第一反应是本能，第二反应是情绪，第三反应是立场，第四反应是利益，第五反应是兼顾他人的社会心理，第六反应是认识到前五步并无高低优劣之别，而是一个完整认知的五个组成。

"社会问题的讨论，也是如此。"

09

当出现社会问题的讨论之时，你会清晰地看到五个层级：本能层、情绪层、立场层、利益层及社会心理层。

很少有人能够观察到系统认知层，除非你处于更高认知层级。

下愚莫揣上智。处于本能阶段的人，因其视野闭塞，会以为所有人都在这个层级，会震惊于不同观点的出现，认为对方脑子有病。

处于情绪层的人，蔑视只有本能的人，却不知道自己深陷于激烈的情绪之中。

处于立场层的，忧心忡忡，承受着隐恶扬善的焦虑。

处于利益层级的人，面对大量的本能公众、情绪公众及立场公众，有种众人皆蠢我独明的优越感，却不知自己陷入专业偏执。

处于社会心理认知层的，格局放得开，眼光看得远，却未意识到自己虽然看到了全局，但并未跳出全局。

必须见微知著，迎刃破局。犹如鹰隼飞于高空，俯瞰一个个社会与人生问题。你会发现，许多问题不过是虚像，许多事情不过是整体系统的有机组成。当你获得这种思维视角，许多所谓的人生困惑就会霎时间豁然开朗。

第 五 章

·
·
·

让自己富有

·
·
·

为什么有人辛苦一生，却仍然生活得很艰辛

01

深圳人常说，活命吃饭赚小钱，需要真本事。想要发财，就需要更多的东西。

这些更多的东西，究竟是什么？

先讲个奇怪的故事。

我有个朋友，业界颇有影响。认识他的人，不敢直呼其名，而是恭敬地叫一声"屎哥"——铲屎哥的意思。大家一听就明白了，屎哥者，猫奴也。

屎哥说，他打小就被猫欺负，经常走着走着，路边突然窜出只小奶猫，冲到他面前，仰面躺下，四脚朝天，意思是说，俺身无长技，装可爱乖巧为生，你能养我吗？

屎哥无奈，只好收留这些无主的奶猫。

养的猫多了，家里没地方搁，需要为这些猫寻找优秀铲屎官——屎哥就是靠了这个，居然赚大了，有钱有闲。

把流浪猫拜托给别人养，这也能赚钱？

为解释他如何通过猫赚钱，屎哥曾跟我说过一件事儿。大概七年前，有两

家人，都是父母带着孩子——父母满脸的厌恶与痛苦，而孩子满腹委屈、恐惧与期待——来屎哥这里领猫。

这两家人，都是孩子极度迷恋猫，而父母极不喜欢的那种。其中一个孩子，长得有点像哈士奇，屎哥暗地里称他"士奇兄"。另一个孩子，模样像米老鼠，屎哥称其为"鼠小弟"。

屎哥说，七年过去，士奇兄的声望如日中天，主宰铲屎界的半壁江山。前个月略微舒展手脚，一次就赚了20万元，让屎哥感受到了竞争压力。

而鼠小弟，早在两年前就被逐至铲屎界的边缘地带，钱没赚到几个，却弄得声名狼藉。

只是养猫而已，士奇兄与鼠小弟的人生，何以在此拉开鸿沟？

02

话说士奇兄初到屎哥处领猫，屎哥对他千叮咛万嘱咐，传授养猫的技法门道。士奇兄极用心听着，听不懂的地方，追问清楚，再用自己的话重复一遍。

不过几分钟，士奇兄已经把屎哥倾囊所授的经验，全部学到了手。

回去之后，士奇兄一边专心撸猫，一边认真研究其族谱。并多次带自己的猫，探望猫亲，走访猫友。网上联络，线下奔走，将猫的血统彻底弄明白。

等到猫的终身大事之期，士奇兄带着自家猫与血统上最正宗的猫相亲。再之后是给猫咪搭产房，建温室。小猫咪出世，士奇兄加班加点，为每只小猫咪制作血统证书：上溯此猫族亲三代，个个有名，只只有姓，甚至还有联络电话。

开价售出，6只小奶猫，共进账数万元。此后士奇兄业务越来越广，替人家验证猫的血统，颁发猫证，收费不菲。他家的猫很难买到，索求者需要预付现金，等生出小猫，才能交货。

后来，士奇兄经常出国，重走猫之路，把每个品种的猫咪扩张史，画出地图，编辑成书，终于夺得业界的半壁江山。势头之猛，发展之快，让栽培他的屎哥艳羡不已。

03

再说鼠小弟，他是个善良、勤劳、勇敢的孩子。但无意成为猫专家，只是玩玩而已。所以他初到屎哥处，屎哥对他叮咛嘱咐，他却一句也听不进去。

带回家的猫，放任它们恣意游走，四处乱窜，出门时"冰清玉洁"，回来时大着肚皮。这样生下来的猫，铲屎界称之为"后院猫"。

后院猫也是猫，尤其是小的时候，超级天真可爱，索要的人也不少，但很难卖出高价。一只后院猫，卖高了3 000元，正常价1 500元。但后院猫血统不纯，极易生病，后期治疗费用高昂，让铲屎官痛苦不堪。

买到后院猫的铲屎官们，怨恨鼠小弟欺骗他们，花了钱却不给正经猫。所以鼠小弟每次卖猫，都有个漫长的挨骂期。他的名声渐烂，终至退到铲屎界的边缘地带，失去吃猫粮的资格。

屎哥说，看鼠小弟发在网上的照片，七年过去了，家境并无改善，只是越来越破旧，可知鼠小弟其人，在个人主营业务方面也是这个态度。

04

两个人，完全不同的猫生路，告诉我们的是隐秘又透明的人生事业规律。

人生事业，无论是招猫逗狗，哄弄老板，讨好女友……无一例外，都是六个发展阶段。

第一阶段，称为能力期。兢兢业业工作，没日没夜铲屎，付出100%，所得不足果腹，甚至完全无所得。

只因为你年轻，正在学习阶段。此阶段的付出，缺乏专业性，没有积累，多是简单劳动，创造不出附加值，所以收入匮乏。这个阶段的人，悲怨于心，愤愤不平，老怀疑这个世界不对头，明明自己努力付出了，却一无所获，劳碌终生却始终生活在社会底层，有这么不讲理的吗?

抱怨不能解决问题，你必须成长起来，进入第二阶段。

第二阶段，称为积累期。努力一段时间，渐有小的积累。人们无法看到你的能力，但会注意到你的积累。所以人们也不会尊重你的付出，只会尊重你的盈余。

这阶段收入翻番，你能力所得大概占到80%，而积累却带来20%的收获。

第三阶段，称为资源期。你的积累越来越多，就会有许多人打你积累的主意。这些人就是我们最常说的资源，开发这些资源，付出不多，所得不少，于是盈收结构再次优化：能力收入占到60%，积累带来20%的收入，资源带来20%的收入。

第四阶段，称为机会期。当你做得足够久，已经养成了一定的专业敏感。业界出现的机会，别人看不懂，看不到，看不明白，但你能够抓住。

这阶段的收入，总量持续增长，能力占40%，积累占20%，资源占20%，还有运气占到20%。

第五阶段，称为收割期。你已经在业界站稳，不再和别人拼能力，而是拼心态。

同样的货，别人就喜欢买你的货。

收入结构中，能力占20%，积累占20%，资源占20%，运气占20%，心态占20%。此时你的收入，已经是初始时的5倍。

到了这阶段，就面临人生质的飞跃——平台跃迁!

05

从能力期开始，每前进一个阶段，收入都会翻一倍。但无论怎么个翻法，都是在能力圈子里打转，挣个辛苦钱。但当走到第五步的收割期，能力就已经开发殆尽。

此时人生进入第六阶段，完成事业平台化，即重组事业资源，建立平台，让别人在你的平台上赚钱。

平台意味着资产。

资产就意味着你不用上班，躺在沙发上睡觉撸猫，还有人不辞辛苦地把钱送来。

资产之前，纯系血汗付出，勉强糊口而已。

资产之后，终于有了焦虑的资格，可以无事生非，愁肠百结，人生不满百，常怀千岁忧了。

06

好多年前，姜文主演过一部电视剧《北京人在纽约》。剧中，刚到美国的女儿发现父亲开工厂，大发横财，于是骂父亲是万恶的资本家。

剧中的父亲，仰天长恸说："没错，我是资本家，可我是喝自己的血长大的！"

这里的人生六步，就是畅饮自己的能力之血，浇灌事业之花的过程。

屎哥讲述的士奇兄，明白这个道理，完成人生蜕变，所以坐拥铲屎界的半壁江山，被誉为"猫界豪雄"。而鼠小弟，未能完成这个过程，人生陷入停滞状态。

07

小奶猫，总要长成优雅的成年猫。小孩子，总要长成睿智的成年人。

不管是我们的人生，还是猫狗的人生，都是这样一步步成长起来的。别让自己的人生停滞，别让自己的事业停留在初始阶段。

选择目标，找准方向。而后努力劳动，积累，开发资源，收获运气，获得柔和心态，以待人生跃迁。

有些人久劳无功，就抱怨世道不平。其实这世道公正到了不能再公正，但天地之间的公正，遵循人性规律的法则运行。如果我们东一榔头西一棒槌，熊瞎子掰苞米一样把机会随手乱扔，那么我们的人生就无法走出能力期。徒有能力，却无积累。没有积累，就无法形成资源。没有资源，就遇不到好运气。遇不到好运气，就会每天苦着一张难看的脸，就算强迫自己摆正心态，但强颜欢笑，于事无补——未来的人生，社会竞争将趋于激烈，趋于白炽化。但同时，社会也呈多元态势分化，机会无尽，挑战无穷，是获得机会长歌挺进，享受猫抓狗咬的欢快人生，还是于挑战面前闭塞耳目自甘沉沦，落得个猫狗都嫌弃，这取决于我们能否深刻理解人生事业的规律，是否爱自己，是否愿意让自己的生命，在社会竞争中绽放出绚烂的光华与激情。

穷人和富人，到底有什么不同

01

人生而平等。但社会资源，天然配置不公。前一句话是观点，后一句话是现实。

理想很丰满，现实很骨感。观点可能没有问题，却总是被现实残酷否定。

所以世界上，虽然人人平等，却因为财富分布不均衡，自然而然地呈现出与我们的愿望完全相反的态势。

02

钱，并非是人生最重要的。但缺失了自立能力，就没资格说上面那句话。前一句话，仍然是观点，而且是绝对正确的观点。也仍然被后面的现实，残酷否决。

人生在世，双手撑起一片天，两脚立足一块地，总要靠自己的能力，庇护自己所爱的人，赢得尊重与自尊。

所以人生有个绕不开的课题——你如何看待贫与富？

抛开观点，只看冰冷残酷的现实，就会发现，穷人与富人之间并不存在一条无法跨越的鸿沟，也不存在穷人思维或是富人思维。

只是环境的影响，往往会压倒个人的努力。

这种隐秘而起到决定性作用的影响，大概体现在五个方面。

穷人和富人的第一个差别，就是财富配比不平等。富人腰缠万贯，穷人囊中羞涩。钱多或钱少，只是此前人生选择的结果，却构成此后人生选择的动因。

网上有个事件。有个孩子，学习成绩很不错。学校期望他考上重点大学，但他父亲却执意要求他去读职高，早点工作，补贴家用。而后孩子在职高遇到一点烦心事儿，他父亲豪爽地一挥手："正好，咱不念这烂书了，赶紧去打工，给你爸赚钱。"

这可怜孩子，跑工地，做小工，成为泥瓦匠，最后蹬三轮车谋生，才30岁出头就憔悴凋零，满脸呆滞与绝望。

当年的同学纷纷来劝他："你既然能蹬三轮车，干脆送外卖吧，好歹能多赚点。"

可是他惊恐回缩："我……我干不了，不认识路。"

"谁生下来就认识路？跑几趟就认识了……"大家还在劝他，但他慢慢摇头，再摇头。

困窘的现状已经将他的智力压缩到几近于无。那些说他不敢冒险、是穷人思维的人，只是未曾经历过他心灵的幻灭与磨损，未曾处于他那种选择丧失的困局中。

03

穷人与富人的第二个差别，是天赋资源不平等。

约翰·亚当斯曾说："我需要学习政治和打仗，然后我的儿子才能学地理、自然、造船、航海、商业和农业，再之后我儿子的儿子，才有机会学绘画、诗歌、音乐、雕塑、挂毯和瓷器。"

亚当斯的意思是说，一个人或一个家族，在不同时期有不同的目标与任务。悲哀的是，这种人生任务有时候会和人的天赋相对冲。

穷人家的孩子不是没有天赋，只是他们的资源撑不起天赋带来的机会。

许多家境贫寒的孩子具有绘画、诗歌、音乐、雕塑、挂毯与瓷器方面的秉质。但这些孩子的首要任务，却是与人生作战，与环境作战，与父母的旧认知作战——无论孩子是输是赢，都标志着家族的继续沉沦！

04

穷人与富人的第三个区别，是社会资源的不均等。

富有之家，意气豪阔，见多识广。谈笑有鸿儒，往来无白丁。生长于这种环境的孩子，耳濡目染，自幼就养成大视野大心胸。而穷人家的孩子，心灵遭受残酷压制，缺乏良好家庭环境的熏陶。

网上有个女孩说，她的父母嗜赌，输了钱，就把气撒在她身上，撕她的课本，撕她的作业。她苦苦哀求，请求父母不要撕，但她越是哀求，父母就越是撕得起劲儿。世上竟有如此奇怪的父母，是家境优裕之人无论如何也难以理解的。

世人最爱看豪门丑史，想象着富人每天生不如死。然而这只是贫困者的想象，真正的现实是贫贱夫妻百事哀，而富人却有着更多的选择，因而极少会搞窝里斗，无端伤害家人。

这就形成了穷人家孩子的卑微心理，再多的努力都未必能弥补。

05

穷人与富人的第四个区别，是家族文化匮乏，精神资源不足。这其实是穷人家孩子能否走出人生谷底的关键。比如说，硅谷的马斯克小时候生活在南非，曾遭受残忍的校园暴力达四年之久。不知多少次，他被那些不良学生打得昏死过去。还曾被唯一的朋友出卖，将他诱到无人之处，任由不良孩子群殴。

痴迷暴力的年轻人极易滑向残忍。校园暴力是全世界面临的普遍问题，不知有多少优秀孩子毁于校园暴力，但是马斯克走出来了。这其中大半原因，是他家族的精神资源。

马斯克的外祖父是个冒险家，70多岁还驾驶着老式飞机满天狂飙。而马斯克的母亲则是位模特，60多岁还登台与年轻小女孩抢镜头，丝毫也不逊色。家族优秀之人，构成了后代人的自我认知，所以马斯克也不会认同自己的平庸。正是这种认知的支撑，才让他熬过了那段最艰难的时光。

拦江书院有位学士，孩子在美国读书。老师让同学们各自做一份家谱，表面是让孩子们寻根，深一层的意思是，希望孩子们能够在家族的优秀者中获得人格认同。这可难倒学士全家了，上溯八代人，皆是无名之辈。为了避免孩子生出失落之心，他抛开工作，发挥一切人脉资源，开展寻根之旅，好不容易找出几个还算优秀的先祖。

学士说，当他意外发现此前的先祖也有不凡之人，心里突然敞亮了，有自信了，内心也变得强大起来。

让学士生出自信的，就是家族的精神资源。

06

穷人和富人最大的差别，在于认知资源不足。

一个人的认知与他的财富配比是相对应的。财富的规律恰是人性的规律，占据社会财富越多的人，对人性、对社会发展规律的认知就越清晰深刻。

年赚百万之人，看年赚十几万，或是赚不到十几万的人，如看浅碟子里的水，一眼就望到底。但仰望年赚千万之人，却是两眼一抹黑，看不清也看不明。

年赚千万之人，视年赚百万之人为小玩闹，但再上一个台阶，却是有心无力。

亿级的富豪，视年赚千万者为无物，但冲刺百亿千亿大关，这个全凭运气。而这些运气，在千亿级别的大佬眼中，不过是举手之劳。

所以当王健林称"先定一个小目标，赚他一个亿"时，千万级别与百万级别的人士就等来了机会。只要王健林再多说几个字，就有可能让他们猛然醒悟，一夜之间完成财富跃迁。然而，群众的眼睛是雪亮的，当王健林此言一出，公众就知道这里边有别人的机会，但未必有自己的。于是群拥而上，大吵大闹，拼命抢镜加戏，骂得王健林闭嘴，彻底封堵了千万级别和百万级别人士的念想。

这个叫博弈，也是认知不同所导致的！

富有者用认知打开财富通道，而另一些人，在封堵别人之时，也堵死了自己的路。

07

穷人富人，在智力上并无差别。二者的差别，只是在于财富配比不平等、天赋资源不平等、社会资源不均等，在于家族文化与精神资源不平等，并最终形成了认知资源不均等。

你会注意到，这五大差别的分类非常不科学。前三个差别是现状和结果，后两个差别是原因。

于是我们就找到了自己的人生破局点：夯实家族文化，打捞精神资源，并在这个过程中，改善我们的认知结构。

08

穷与富都是相对的、暂时的。无论你是穷还是富，都只是中间状态。

学者统计美国自1924年以来的财富家族构成，发现每隔25年，财富城堡之内就会爆发一场大洗牌，至少80%的原住户会被驱逐出去，由新涌现的财富新贵填充。而且这个过程持续不断，在美国中产温文尔雅的掩饰之下，从未止息过刀光剑影。

所以中产阶层的焦虑，构成了东西方共同的课题。

他们之所以焦虑，只是不得其法，不知道应该如何努力。但现在我们知道了，不过是关注自身，打捞优质的家族资源，重塑自我观念。而后是以平和的心态，逐步地改善自我认知。之所以要改善认知，让自己成为一个优秀的人，只是因为百年之后，后世人会用期望的眼神看着我们。我们将构成后代的精神资源，成为他们行进的动力或航标。如果你焦虑，或是迷茫，一定是思考问题的周期太短。至少要以百年为周期，重新审思自己的人生，这时候你的人生目标一目了然。而当你打破局囿，以千年为周期审视自我，你会清晰地看到内心的智慧喷薄欲出。这时候你才会知道，贫富之虑不过是人生的表象枝节，你我存活于世的唯一意义，就是与内心的智慧相融，回到初心，回归自我。

贫富认知的软肋

01

马云在一次演讲时，现场有观众提问："马云先生，你每天飞来飞去的，累不累？"

累不累……这个问题，让马云当时呆住了。

然后马云的声音有点变了，似乎带点哭腔，解释说自己最近确实有点累，咳嗽了二十多天，一直没见好。接下来有媒体发酵，称这个问题戳中了马云的软肋。

实际上，这个问题根本不是马云的软肋，而是贫富认知的软肋。

读懂这个问题，也许会改变你的命运。

不怕自己累成狗，每天飞来飞去的，不只是马云。王健林的日程表安排，也是极恐怖的。2016年11月30日，王健林的日程表安排，是这样子的：

凌晨4：00，起床

4：15—5：00，健身

5：00—5：30，早餐

5：45—6：30，前往机场

7：00—12：15，雅加达飞海口

12：20—12：45，到达海南迎宾馆

12：45—13：00，海南领导会见

13：00—13：20，海南万达城项目签约仪式

13：20—14：10，便餐

14：10—15：00，前往机场

15：00—18：10，海口飞北京

18：30—19：10，到达办公室

王健林的日程表在朋友圈中披露时，是极度令人震惊的。

不到24小时，两个国家，三座城市，飞行6 000公里。媒体称王健林每天的日子都是这样，而且在飞机上他也没有空闲，仍然要与部属研究项目。

有一家电视台曾做过一期节目"首富的一天"，节目组跟在王健林身后，结果发现根本停不下来，王健林如充满了电的大磨盘转个不停，把节目组的人累得筋疲力尽。事后，电视台称其为"急行军模式"。

王健林如果站台演讲，肯定会有人如问马云一样问出这个问题：老王，你整天这么奔来跑去的，累不累？

02

王健林的紧张日程，让媒体注意到了有钱人的共性：90岁高龄的李嘉诚，每天6点起床，运动一个小时，8点到办公室；柳传志每天5点起床，运动一个小时，开始工作；李彦宏和雷军，每天工作时间都超过12小时；俞敏洪是富人中的"考拉"，是商业大佬们中起床较晚的，早晨6点起床。牛津大学研究发现：2006年，高收入人群中一周工作时间超过50小时的，是低收入人群的两倍。同一年的数据，年收入不足2万美元的人群，花了超过1/3的时间看电视，享受休

闲。而年收入超过10万美元的人群，他们用来看电视的时间不足1/5。

富人比穷人更忙，更拼命！

03

有些人时间不值钱，整天无所事事。有些人时间效率极高，在他们的眼中，赚取一个亿，只是人生小目标。这两种人同在一个星球之上，但认知观念竟是天差地别，甚至无法对话。

04

有经济学家解释为什么富人的工作时间更长：因为富人单位时间更昂贵，在既定时间里收入更高。如果他们休假，损失远比穷人的多。所以呢，他们舍不得休假，舍不得像穷人一样把大把时间花费在电视机前。

这种解释，是预设了一个前提的。这个前提就是所有人，无论是穷是富，都不喜欢工作，都讨厌工作。

正因为心存这种认知观念，所以才会有人问马云：你每天飞来飞去的，累不累？

但这个预设的前提，真的对吗？

周国平先生说，衣服可以暖身，让我们身处于寒冬时节仍然感到温暖，但热量并不来自衣服，而是来自我们本身。

如果把衣物盖在冰块上，它同样可以让冰块保持寒冷，维持不融化的状态。

外界的一切正如衣物，都是中性的。如果我们身体温暖，这些东西就会带给我们生命的活力。反之，如果我们的心处于寒冷状态，那么外界的一切不过是维持你冰冷的心而已。

读书，对敏感于文字的人来说，是一种快乐的享受；而对于先天患有阅读障碍的人而言，则是一种残酷的折磨。饮酒，对于嗜酒如命之人意味着豪放，甚至会成为品评人的一个标准。但这个标准对于酒精过敏者来说，却是如地狱般恐怖的惩罚。简单生活，对于心静的人来说，是至高的人生境界，却是纵欲者所不能忍受的贫寒。运动健身，对于体力充沛的人而言是日常，却是体弱多病者无力承受的生命之重。

事物本身并不痛苦，也不艰难，痛苦和艰难是人类的脆弱和无能所导致的。

人生其实无苦无忧，苦忧只在你心里。如果你认为人生的意义就在于趴在沙发上一动不动，混吃等死，那么哪怕让你抬一下手指头，你都会认为这是生活对你的迫害。至于如马云、王健林那样充满激情的人生，对你来说更无法理解。你只能认为，马云、王健林其实也想和你一样趴在沙发上，他们不趴，只是因为他们有病。这世界都有病，就你正常。你好端端的一个正常人，却处于不正常的世界，所以你这一生，就会少有欢笑，痛苦无垠。

如果认知错了，你的心就会苦涩难言。

05

每个人的价值观念是不完全相同的。许多人并不排斥工作，甚至有的人每天辛勤工作，孜孜不倦。但他们工作只是谋生，只为吃口饭。只要条件许可，他们就会丢开工作，让自己享受一下舒适的人生。还有些人，他们在工作中找到了实现自我价值的途径，所以他们视工作为事业，工作时浑然忘我。这两类人各有各的追求，无所谓是非对错，但人生成就会形成天然鸿沟。前者，他们终成为正常的人、普通的人，会享受常态的快乐与常态的苦痛；后一类人，大多数也不是生来如此，生命中的种种机缘让他们走上一条与众不同的道路，他们会把自我价值的实现与工作完美地整合在一起。同样是工作，对于普通人来说只是无奈甚至是痛苦的困扰，对于后一类人而言却乐在其中。他们不是不休闲，而是在追求比休闲更多的刺激与快乐之感。

比如说，马云在回答观众的问题"你每天飞来飞去，累不累"时，他的回答是："早年承蒙许多朋友帮助，让我渡过了难关。现在，如果这些朋友说一声，马云你过来一下……只要时间允许，我一定会赶到。所以我每天飞来飞去，只是在报恩。"

有人称，马云这个回答明显在忽悠。

事实上，马云是实话实说，只不过媒体的认知观念无法解读而已。

06

这个世界，财富的分配并不是依据你的劳动，而是依据你劳动所创造的附加值。什么叫附加值？就是在原产品价值之上又增加出来的价值。比如说，你种植满山的苹果树，收获了一车车的苹果。但苹果只是苹果，这世上遍地都是，并不稀缺。你的劳动只是简单的，所创造出来的附加值极为低微，纵然是脸朝黄土背朝天，汗珠子落地摔八瓣，也赚不到多少钱。

但如果你是个有脑子的商人，就会在人家的苹果树前开一家绿色食品加工厂，低价收购苹果，切开烤熟，封袋密装，销往大都市，卖给工作忙碌的白领。他们食用时只需要扔进微波炉里加热一下，就能够享受美食，还能美颜健体，绿色环保。从常见的苹果到绿色健康食谱，这就是附加值的产生过程。

这时候，你赚到的钱比那些烤炉前的工人要多得多。

工人比你辛苦，付出得比你多，但你创造的附加值却远远高于这些体力劳动者。体力劳动赚不到钱，智力劳作产出也有限，只是因为此二者的附加值太低。你必须成为一个资源的分配者，通过重组社会资源，创造出更多的财富及附加值，为更多的人创造工作机会与发展可能。当越来越多的人需要你，你就发现了自身的价值，激昂的生命也就进入了快车道。

07

马云和王健林等人是资源配置者，他们每天飞来跑去，却丝毫不会感到劳累。相比于他们，从事简单劳动的人，在低廉的报酬面前，感受到了巨大的失落与痛苦。

财富的秘密，不过是资源的重新组合，创造出新的效用，带来财富总额的增长。富人都是知晓这个秘密的人，虽然他们的人品参差不齐，但创造所带来的快乐，让他们与公众的认知拉开了差距。

成为一个创造者吧！成为一个创造者，其实远比简单打工更容易。现在的我们，哪怕是最狼狈不堪之人，也掌握了两百年前的创造者一生都无法想象的知识与能力。

我们都拥有创造的潜质，但颓废的认知让我们的人生陷入了冬眠。

冬眠者终究无法理解这个世界，他们会一边咀嚼着创造者带来的财富，一边困惑地问，你这样创造来创造去的，不累吗？

08

这是一个创造的时代，也是一个充满无尽机会的时代。体力劳动，带来的收入有限。智力运作，如果不能够带来更多的附加值，也不过是寒夜悲歌。

所谓价值，不过是对他人有效用。越多的人需要你，你的价值就越大。那些总是遭受到不公对待的人，他们自身的价值还不足以让人珍视。

不要再问创造者，你这样忙来忙去的，不累吗？这个愚蠢的问题暴露出你颓废的心态，暴露出你混吃等死的认知，暴露出你与自我价值实现的差距。

每个人，都是天生的创造者。若非如此，灵长类也不会如此轻易地统治地球。但日常所熏染的颓废认知，如恒河沙粒，将我们的心掩埋。如周国平所言，世界本身并不痛苦，也不艰辛，一切取决于我们的心，取决于你愿不愿意走出来，愿不愿意把良知呈现给这个世界，带给他人无穷的价值。

适应时代，成为一个创造者。先要告诉自己：已经长大了，不能再耍小脾气，不能再闹小情绪。自身的安全感来自内心，而非向外界乞求。然后学习与他人的亲密合作，创造并非是无中生有，而是自身能力与外部资源的重组。这要求你了解一点人性，不为固执的偏见所迷惑。不再执迷于颓唐情绪的熏染，生之于世，堂堂正正，就是要让自己的生命绽放，如午夜花树，明照四方。当你自尊自立自强，就会在前行者身上看到他们的艰难，也看到自己的非凡，这一切将赋予你过人的勇气，助你践行生命的价值。

认知的贫富差距

01

有个学子，准备出国。其父母请来清华的教授宁向东，问道："我儿子应该去哪个国家？读哪所名校？什么专业含金量最高？"

万万没想到，宁教授说："出国嘛，千万别把上课当回事儿！重要的是旅行，与人接触、交谈，到处去看看。"

宁教授说，听了他的话，可怜的孩子当时就崩溃了，完全不知所措。

宁教授不知道，不同认知层次的人会有交流困难的。

02

有个很出名的故事，说有位妈妈带着未成年的女儿逛街。逛街回来，女儿画了一幅《陪妈妈逛街》。妈妈拿过女儿的画，瞪眼一看，顿时蒙了。女儿的画上，没有车水马龙，没有高楼大厦，也没有诱人的包包，只有一根又一根奇怪的柱子。

女儿画的是什么？妈妈端详半晌，才突然醒悟——女儿画的是一条条人腿。原来，女儿年幼，个头特矮，被母亲牵着手，走在街上，根本看不到成年人看到的商厦车流，她看到的只是无数条成年人的大腿，摆来动去的遮住视线。

认知高度不同的人，看到的世界是不一样的。

03

我小时候曾在很穷的乡下生活。每年村子里都要分红薯，把红薯归拢成一堆一堆的，看似差不多，但又好像有区别。所以为公平起见，全村人抓阄，抓到哪堆算哪堆。

有个村民抓到了6号，另一个村民也抓到了6号。

怎么弄出两个6号呢？其实这两个村民，一个是6号，另一个是9号。问题是，6号堆明显大于9号，所以两个村民都说自己是6号，寸步不让。

两个人争执，吵闹，动手厮打，闹到村支书面前。村支书过去一看，发现9号红薯堆明显小于6号堆，果断从自家的红薯堆里拿出两只放进9号堆，总算平息了这场纷争。

然后村支书冷笑着说，这两个傻子，也就是两只红薯的出息了。果然，大学毕业后我重返乡村，看那两户为红薯起争执的人家：一户门楣破败，一贫如洗；另一户家徒四壁，一无所有。

04

人类的认知，好似一个巨大的天坑，呈漏斗态势排布。越往下，所见越少，机会越少，越是感受到社会不公，愤怒无比；越往上，所见越多，机会越多，越是感觉世界美丽，风光无限。

下愚莫揣上智，泥陷于认知漏斗底部的人士，看不到上层认知的风景，根本听不懂认知更豁达的人在说些什么。所以清华大学的宁向东教授建议那要出国的孩子别拿上课当回事，那孩子就蒙了。

05

我们可以把认知漏斗做个解析，大概分为九个层级：

最底端，只知好恶。

这是婴儿时态的人类，饿了就吃，不分场合；撑了就拉，不分地点。这也是极端情绪化的一族，认知不足的困扰，让他们总是陷入窘态，却找不到解决的办法。比如说，电视剧《人民的名义》中，有个大风厂职工王文革，他是个受害者，股权被贪官和奸商合伙弄走了，因而在狂怒之下拿刀架在老干部陈岩石的脖子上，结果王文革和贪官们一起入狱了。现实中有许多这样的人，一生也走不出自己的情绪。所谓维权，多不过是孤注一掷的情绪宣泄。

第二层级，墨守成规。

宁向东教授引导的孩子，就处于这个认知层级上。这孩子根本就不明白，书本上的东西并不重要，重要的是你的见识与认知。父母之所以送你出国，不是让你读书，而是让你成人，让你认识普遍的人性、普遍的社会规律，并在不同社会的差异性中获得更具价值性的认知。

第三层级，认识到规矩的局限性。

最守规矩的孩子，也是学校里最省心、懂事、听话的孩子。但这类孩子进入社会，多半会遭遇挫折失败。因为这类孩子只是因为恐惧而不敢乱说乱动，等到他们知道许多所谓的规矩，不过是成年社会出于省心而承袭的惯性，才能从恐惧中走出来。

这里有条隐秘的贫富分界线。过于情绪化的人，墨守成规的人，满心恐惧的人，都会感受到极大的生存压力，必须继续上行，才能突破。

06

第四层级，明是非，知大体。

学习规矩，乖巧听话，这是对幼儿的要求。到了少年时代，孩子们的行动能力提升，就要明是非，知道有些事不能做，有些话不能说，就是遵奉社会的主流价值观，哪怕这个价值观完全不对路子，却是维系社会运转的唯一体系。所以这是个血性方刚，努力向世界证明自我的过程。但如果不能超越这个阶段，就无法突破自我。

第五层级，认识到是非的局限性。

这个阶段的人，知道了人类社会是发展变化的。有些看似牢不可破的金科玉律，会随着历史的发展而变得落伍淘汰。这时候的人开始思考，开始行动，开始接受一个不确定的世界。从此不再固执，不再偏激，知道每个人眼里的世界不同，知道每个人的认知与价值体系不完全相同，从此变得温和起来，不发脾气，不闹情绪，生存处境开始改变。

第六层级，认识到现实资源的有限性。

什么叫现实资源的有限性？就好比我小时候，在乡村里分红薯，红薯的数量有限，你多拿走一个，我这边就少了一个。无论这些红薯怎么分配，都是绝对的不公平——按人口分，家里壮劳力多的人不干；按劳动贡献来分，贫弱之家就有可能被饿到。人类社会的一切愤怒、冲突、怨气与对抗，都来源于资源的匮乏。现代社会最匮乏的是注意力资源，权力与能力争夺稀缺的社会注意力，带给更多人极大的困扰。

这里有条不可见的生存线。处于这个层级的人士，是具有一定生存能力的人。在穷寒国度他们能够存活，在发达国家他们是构成中产阶层的有生力量，在咱们这穷乡僻壤之地，他们是背负着沉重压力的社会中坚，吃饭不愁，钱也不缺，就是心里总是七上八下。因为他们处于中间状态，心如浮萍，无根可依。那就继续往前走好啦。

第七层级，认识到人的发展性。

什么叫人的发展性？就是你的选择和努力，可以改变你的环境与命运。比如说，20年前的马云，那叫一个凄惨。他到处求职找工作却四处碰壁，和朋友一起报考警校，去了5个人，考取4个，只有马云没考取。听说肯德基是个人就要，他和朋友去肯德基应聘，去了23个人，肯德基收下22个，就是不要马云。最后逼得马云自己开公司拉业务，结果现在网上还疯传他拉业务时被人贬斥的视频。

再比如范雨素，她家境贫寒，12岁独闯海南，终未能改变命运之分毫。但她从未放弃梦想，一边带女儿在北京务工，一边学习写作，终于在44岁时爆发。还有更多的人，仍然在默默无闻地努力，他们不会是马云，甚至未必会成为范雨素——但当他们走过漫长的人生路，回头再看，就会发现人生处境已经大为改观。

这是一条经济自由线，明察趋势、敢于行动的人，总会遇到他们特有的机会。我们的拦江书院有很多这样的传奇人士，他们改善自我认知，通过自己的选择和努力，走出命运的低谷，获得展望未来的更好机会。

认知的第八层级，是认识到万古不变的人性与社会规律。

认识人性，说透了就是认识自己，认识到自己心中的纠结与残缺，认识到每个人与生俱来的苦伤，认识到人在社会上的表现充满了无尽的矛盾与困惑，认识到人之幼年的缺憾会构成他终生走不出的陷阱。这时候你对人再也不会有恨意，不会有怨言，因为你知道众生皆苦，终不过是庸人自扰。

第九层级，认识到人生的至高意义与价值。

冲出人性的迷障，就有机缘问鼎智慧极峰。此时心境澄明，无苦无忧，洞穿了这个世界的本原，获知了生命的价值与意义。这是人类认知的又一个新起点，意味着快乐无边的心灵自由，以及以慈悲为感召的精神境界。

我们的认知就是这样，从漏斗的底端一步步向上攀行，每行进一步都会有豁然开朗的通达感，每上升一层都会获得无尽的心灵快感。

07

拥有财富的人，多有追求智慧的冲动——因为他们有行动的力量。只有书本知识的人，却多半和财富无缘，因为他们缺乏行动能力。

08

我们的人生，往往只看到一条船，而没有看到那条河，更忽略了两岸美丽的风景。所以宁向东教授建议那个已经成年的孩子，读万卷书，不如行万里路。读书的目的，是让你获得明晰的认知与果决的行动能力。

不要太功利，这个世界，人类竞争比拼的不是什么学分成绩，不是名校名师，不是专业科目，而是你对自我与社会的终极认知。

说格局、心胸、视野，最终说的不过是认知。你如何看待自己？如何看待世界？如何看待世相人心？你看明白了，想清楚了，心就静了，做事就沉稳了，言谈举止也变得优雅得体了。认知不足的人，必困于自己的心，举目所见，只有一些毫无意义的东西，拼命求索，却无法改变自己命运之分毫。你的认知在哪个层级，你的人生就处在什么状态。如果你不快乐，不开心，总是感受到压力或是痛苦，又或是对自己的际遇自艾自怜，那就好好梳理自己的内心吧。人生苦短，寿命有限，举凡心怀痛苦行至终点之人，莫不是错过了此生。从认知的漏斗里爬出来，不做坐井观天的青蛙，而是迎着命运，接受自我，站在智慧的巅峰，看大千纷纭，赏落英缤纷。美丽的世界，源自美丽的人生，源自豁达通明的认知，源自不懈向上的澄明心境。

财富是一个人思考能力的产物

01

牟其中先生曾说，做个好穷人容易，只要有骨气，不怕老婆孩子挨饿就行了。做个好富人，真的好难——那需要巨大的智慧和仁慈的灵魂。

有位姓程的朋友，旅居德国。他迷上了当地一家咖啡的味道，每天必去喝咖啡。有一天，他正要出门去喝咖啡，儿子忽然叫住他，说："老爸，你知道吗？你喝的那家咖啡，商家让很小的非洲孩子在田里干活，而且只付给非洲孩子极低廉的薪资。他们剥削可怜的非洲孩子，还用高价剥削你，难道这咖啡你还要喝吗？"

程兄闻言，正气直冲脑门，说："我保证，以后再也不喝这家的咖啡了。"

从此程兄再也不喝那家的咖啡，改喝其他品牌的咖啡。

他喝了一段时间，顶不住了。不是不喜欢其他品牌咖啡的味道，而是其他品牌的咖啡价格太贵，程兄的腰包有些吃紧。

程兄一咬牙，忧国忧民又不是我一个人的职责，凭什么就让我一个人付出代价呀？不行，我还是要喝老牌子的咖啡。于是程兄开始瞒着儿子，喝自己喜欢的老咖啡。但他的心里总感觉什么地方不对，就像是欺骗了儿子一样。

终于有一天，程兄禁受不住灵魂的折磨，就打电话向儿子道歉并承认错误。电话里，程兄对儿子说："儿子，爸爸向你承认错误，我不该贪便宜，还喝那家老牌子的咖啡，不应该和黑心的咖啡商一块剥削可怜的非洲孩子。"

万万没想到，儿子在电话里说："不，你继续喝老牌子的咖啡是对的，不喝才错了。"

程兄："……什么意思？"

儿子："我那善良天真的老爸，你以为价格昂贵的咖啡就不是非洲孩子背下山的吗？告诉你，只要是咖啡，都是可怜的非洲孩子背下山的。你有没有看过电视？在非洲，一个8岁的孩子，背着沉重的咖啡豆，翻山越岭，走几十公里的山路，把它们送到收购点，才能拿到3欧元。无论是便宜的咖啡还是昂贵的咖啡，都是非洲穷孩子背下山的。无论你选择昂贵的咖啡，还是选择便宜的咖啡，这个结果不会改变。"

程兄："咖啡商真是太可恶了，那我以后……以后不喝咖啡了。"

儿子："善良的老爸，你如果不喝咖啡，才真是害惨了非洲孩子。你想啊，正是因为有你们这些咖啡客，才有了市场，非洲那些一贫如洗的孩子才有了一条谋生之路，才可以依靠艰辛的劳作赚钱养活家人，或是让自己上学读书。可如果你们都不喝咖啡了，那些非洲孩子就再也赚不到钱了。他们的家人如何养活？又拿什么来让他们上学读书呢？"

程兄："看来要解救非洲穷孩子，只有一个办法，那就是呼吁国际社会采取行动，禁止童工。"

儿子："我那傻气到冒泡的老爸，你可千万别！你如果真的这样干了，那是比不喝咖啡更坏的事儿，你会害惨更多的非洲孩子，会让他们陷入更无望的绝境。"

听了儿子的话，程兄急了："儿子，你说话能不能小心点，我主张禁绝童工，这是保护非洲孩子呀，怎么会伤害到更多的孩子？"

儿子："老爸，你学点经济学好不好？！我跟你说，非洲的孩子之所以那么悲惨，就是因为当地没有足够的资本。孩子们必须以超强的体力劳动，才能换回每天3欧元的报酬。如果不干这个，非洲孩子就会饿死。可如果你主张禁绝童工，而且还起效果的话，当地的咖啡商为了规避经营风险，就不会再招收童工。而童工之家，生路断绝，为了避免饿死，他们会哀求老板降低价钱，只要让他们继续背咖啡豆，什么价格他们都会接受。最后的市场博弈，结果有可能是童工的价格降低到每天1欧元。此前，一个孩子背咖啡豆，可以有3欧元的收入。现在降低到每天只有1欧元，为了维持生存，当地家庭就必须有三个孩子出来做童工。你禁绝的努力，却导致童工数量激增到3倍。"

02

善未易明，理未易察。所以牟其中说，做穷人容易，做富人难。

穷人不需要想太多，只要有骨气就可以了。既然你家的咖啡剥削了非洲孩子，那我就不喝。至于我不喝咖啡，会不会导致咖啡商倒闭，非洲大山里的穷孩子连背咖啡豆的生路都没有，就不在我考虑的范围之内了。

但你如果想做个富人，脑子就必须多拐几个弯。

03

我在深圳时，有个患难之交。去年年底又见到他，心里好难受。这么多年过去了，他仍是那么落魄，无神的眼睛，憔悴的脸庞，眉宇间凝结着化不开的忧与伤。

为什么这么多年来，他的境遇竟无丝毫的改善呢？

他解释说："都怪我太善良、太正直！"

"……嗯？"

他说："我做不到昧着良心把很便宜的东西以很贵的价格卖给别人，让黑心老板发财。比如说，我曾遇到过一个老板，他生产一种化妆品，里边的试剂外加包装，全部成本不超过两元，可是老板敢卖到五六百元，你说黑不黑？"

"黑……黑是黑了点，"我说，"不过你说化妆品的成本不超过两元，肯定是算法出了问题。你想想这个流程，化妆品的配方是要付人家专利费的，工厂要付租金，机器要花钱买，还要雇人维修保养，还有员工的培训费用和薪酬福利，再加上国家的各项税费，以及分销渠道上的各种开支，租赁专卖店、柜台等费用。总而言之，靠这条线吃饭生存的人，肯定比你想象的更多。各种费用一算，无论怎么计算，也得不出这么低的成本。"

他不吭声。

我也是多嘴，继续说："现在是社会化大生产，不再是过去的小农作坊。原材料占全部成本的比重，早就不值一提。相反，更有价值的是商家品牌。市场上的每个品牌，都是高智力运作与市场艰难拉锯才达成的平衡。空有体力，甚至智力，你未必能够找到用武之地，相反，品牌意味着一个高价值的商业平台，能够带给许多人更多的机会。计算成本时如果不考虑这个，考虑就不周全，就会钻牛角尖。"

他仍然不吭声，我也便不再说下去。

我们的关系就这样渐行渐远。

04

其实我说的化妆品成本核算，跟咖啡价格是同一个道理。咖啡豆只是原材料，在出产地是极便宜的。但如果让非洲的咖啡豆来到世界各地，以品牌的模式获得消费市场的接受，这是比原材料更具价值的智力付出。

财富不是靠体力得来的——如果是，那大象、河马、犀牛之类，可比人类力气大多了，可是这些动物根本创造不出财富来。

从古至今，财富始终是一种智力运作。史书上说，中国春秋年间的四大富豪之首陶朱公，他的经营模式向来与正常人类不同。旱天时，别人都在造车子卖，因为旱天市场需要车，可是陶朱公偏偏在旱天造船。等到洪涝季节，商家急急忙忙地改造船，陶朱公这边抢先市场一步，先把钱赚走了。当大家疯狂造船时，他又改造车。等到洪水突然退下，他是唯一有成品车的商家，又领先市场一步。他不想发财都不行，于是最终赚到盆满钵满。

穷人很艰难，但穷人不需要看那么长远。要做富人，你必须比穷人看得更长远。

05

做穷人，只需要看到世事不公正的表象，只需要看到咖啡豆低廉，而品牌咖啡却很贵，只需要满怀正义地抨击就够了。

做富人，你不仅要看到旱季之后是雨季，应在旱季提早造船，还要看到雨季之后是旱季，应在雨季造车。你还要看到商品的价格，远非计算原材料那么简单。要看到品牌重于原料，更要看到人性的深处，才能够完成社会组织，把一盘散沙似的员工组织起来，让他们密切合作。

做富人，不仅要看到非洲背咖啡豆的孩子收入低，还要看到这种低收入的背后机制。要看明白童工现象跟商人无关，不是商人导致了童工，恰恰是商人给贫寒之家提供了赚钱机会。更要清楚这世上之所以会有童工，只是因为资本断流，没有从权力阶层流动到民间。只有打通政商通道，让资本下移，回归民间本身，当地百姓的收入才有可能上来，童工现象才会因为民众富裕而绝迹。

做穷人，只需要仇视资本。做富人，就必须学会利用资本。

06

美国女思想家安·兰德说："财富是一个人思考能力的产物。"一个人的独立思考和判断能力，与他的财富能力有极其密切的关系。

商业是这个世界最大的善。每个人都是个小系统，天然需要与他人进行交换。拒绝付出的人就不可能获得，这是一切交换的铁律。

人性的最大法则，是不介意自己得到多少，而对自己的付出却耿耿于怀。这种天性导致了交换障碍。有些人涌泉所得，只付出一点点，却仍觉得自己亏大了。摆脱天性中的交换恐惧，公正地看待每个人的付出，是获得财富认知的关键。

资本是中性的，它的毛孔中没有血也没有泪，只有交换恐惧症者的褊狭激愤。

不要再有褊狭之心，不要再发激愤之语。学会利用资本，让资本造福每个人，这才是我们与生俱来的使命。

融入这个文明时代，学习商业法则，最要紧的就是不要再恶意地贬斥他人的努力。你选购到手的任何商品，成本中最昂贵的部分，不是原材料，也不是薪资税费，而是商业前沿的智力运作。人是智慧生物，最伟大的智慧是带给每个人便利。今天的我们，得益于此前智慧先行者的每一点付出，万万不可轻率地贬斥别人，让自己落入阴暗的仇恨之窟。把你的心打开，把你的眼睛擦亮，人类早已放下体力时代的重负，现今比拼的是智力开发。爱护自己的生命价值，你的大脑蕴藏着无限的潜能，当褊狭激愤压抑自我，我们心里唯见千里冰封，万里寒霜。只要我们愿意为这个世界付出，渴望每个人都能够在你的智力平台上获得利益，这时候你就会领略善良与仁慈的意义，就会见到繁花满天，落英缤纷，就会感受到灵魂深处那绽放的灿烂风华。

没有什么是不可能的

01

说一件有关我自己丢人现眼的事儿，让大家开心开心。我打小立志，追求智慧。虽有严重的人际障碍，却最喜欢往人堆里凑。小时患有严重的阅读障碍，却疯狂阅读书籍，就是为了锤炼自己坚强的意志与能力，以应对这个复杂世界，让自己游刃有余地"玩转"人生。于是，我辞去四平八稳的公务员工作，飞往深圳开创基业。接下来讲述的这件丢人现眼的事儿，就是我在深圳的时候发生的。

初到深圳时，我盯住互联网，知道未来的大时代，一切都能在网络里获得。我遇到了几个志同道合的朋友，大家天天聚在一家宾馆，一边不停地喝茶喝咖啡，一边不停地讨论：我们应该做什么，才能实现改变世界的野心？

和我们一起讨论的，有个年轻人，这孩子明明两腿完好，却走路半跛，一身的萎靡气息，总是来得晚，走得早，一副半睡不醒的样子。他经常嘴上说着事，两眼早已游移走了神，或是干脆睡着了。

大家都觉得这孩子有病，就出言讥讽他。结果有一次，孩子被说急了，脱口道："我不像你们，只会坐而论道，我是真刀实枪地干！"

大家立即追问："怎么个真刀实枪的干法？"

孩子涨红了脸，吭哧瘪肚好半晌，才冒出一句："我现在每天工作14个小时，准备把整个互联网拷贝下来。以后我想查什么资料，就不用上网了。"

我们先是愕然，继而大笑："孩子，你有多缺心眼？整个互联网有多大？在这个虚拟世界里，其信息总量恐怕不少于宇宙的信息量吧？更何况就在你下载的过程中，更多的信息呈几何级数增长，那一瞬间新增的信息量，远远超过了你下载字节的无数倍。弱水三千，你最多只能喝一瓢，蚊子衔秤砣——你好大的口气！就凭你那一台价值几千元的手提电脑，你也敢说这种不动脑子的大话？孩子你醒醒吧，少来点愚蠢的想法，多做点实际的工作，你懂吗？"

当时我们一群人，肆无忌惮，羞辱挖苦，说得那孩子满脸通红，无地自容。

当天夜里，我回到住处，冲凉后正要入睡，却突然跳起来，总觉得好像什么地方不太对劲！

真正愚蠢的，不是那聪明孩子，而是我们！

极有可能，我们的愚蠢把一个极具天才的创意给扼杀了。

我立即拨打那孩子的电话，但是已经关机。应该是蒙受羞辱过度，不想再和我们这样的蠢人联系，换了手机号。此后再也没联系上，也没听说过这孩子的丝毫信息——他放弃了自己的想法。而这一切，是我们造的孽！

02

同样的事情，在美国也曾发生过。1992年时，特里·威诺格拉德教授，在密歇根大学执教。有天他停了车，正快步走向教学楼，迎面走来了一个不太聪明的学生。

刚刚20岁的年轻人，满脸都是青春痘。年轻人拦住特里，由于他过于羞怯而眼神不敢与人对视，飘向虚空一点，磕磕巴巴地说："老师，我有个想法……嗯，我打算……呃……我准备……我要花两周时间，把整个互联网全部复制下载，收藏在我的个人电脑里。"

当时特里愕然止步，目瞪口呆地看着这个学生的脸。大概他很想把手中的公文包砸到孩子的脑袋上，心想孩子，你到底有多蠢？互联网上的信息量有多大？你那台小小的破电脑装得下吗？就算装得下，就在你下载过程中，新增的信息量远超过你下载信息的无数倍。你脑子要进多少水，才会产生这蠢透的想法？

如果教授说出这番话，或是把公文包迎面砸过去，这应该是正常的。但特里·威诺格拉德不是正常人——他是教授。

教授没有如普通人那样，明确告诉孩子说你的想法太蠢了，而是大喜过望，说："这个想法好，真是太有创意啦！孩子，老师看好你！那你还等什么？马上动手去做吧！"

好嘞，这个学生受到鼓励，一蹦老高，欢天喜地地去了。

4年后，这个学生打电话给特里·威诺格拉德教授。他在电话里说："教授，我成功了。"

03

如你所知，特里·威诺格拉德教授在校园里遇到的这个学生，名叫拉里·佩奇。他从未放弃自己这个看似愚蠢的梦想，最终给这个世界带来了Google（谷歌）。Google高开高走，玩的是"阿尔发狗"（AlphaGo）。

最近的新闻是，阿尔发狗打败了天才棋手柯洁。人工智能，阿尔发狗只是拉里·佩奇带给世界的诸多玩具之一。余者如敞篷飞车、无人驾驶汽车与自行车，甚至还有时间机器！

拉里·佩奇什么都敢想，什么怪事都敢做。只因从未有人对他说，这个想法太蠢了！

04

也许会有人抬杠，说拉里·佩奇20岁时的想法，和他最终的产品并不符合。不符合就对了。所谓的创造，就是从低端的蠢念到超出预期的高端结果。

就连狗追着你咬时，都会根据你的奔逃轨迹不断地调整方向与目标，难道人类还不如一条狗？不会因应环境的变化而自我调整？

重要的是改变世界的目标。这个目标才是最重要的，过程中走多少条弯道，兜多少圈子，都是无关紧要的。认识不到目标的动态性，一味地在鸡毛蒜皮的琐碎枝节上挑剔卖弄，靠贬斥别人以炫耀自己的聪明，才是愚不可及的蠢行。

05

终其一生，我们不过是和自己的愚蠢做斗争。认识到自己的愚蠢，就是智慧。

06

一个人改变世界，这真的可能吗？

这个问题的答案，不是言辞，不是文字，是行动！

07

前段时间，印度电影《摔跤吧！爸爸》受到了人们的追捧，影片中讲述了一位父亲指导女儿摔跤，最终夺得国际摔跤大赛金牌。许多父母看得泪流满面，回家追着孩子非要摔一跤，吓得孩子忙不迭地拨打精神病院电话。

其实不摔也可以的。

改变世界的方法，并非摔跤一种。

有这样一个故事，在印度南部有个小村庄，村民们善良厚道，酿酒为业。近水楼台先得月。酒的销路不得而知，但村民个个都成了酒鬼，经常有人喝死，或者喝醉后打架斗殴。

有位少年发誓要改变这个村庄。怎么个改法呢？少年读到了传奇棋手鲍比·菲舍尔的故事——鲍比16岁时，就成为大师级棋手。

少年想：好像我也行。于是少年远行出走，拜懂国际象棋的人为师，学成归来，招呼那些烂醉如泥的大妈大婶：来来来，大家先把酒瓶子放一放，那几个打架的，你们等会儿再打，大家跟我学国际象棋吧。

学什么呀学，人家连什么叫国际象棋都不懂……但还是有人好奇，凑了过来。

于是少年教会第一个，然后是第二个，第三个……

眨眼工夫40年过去了。

40年啊，少年子弟江湖老，下棋少年已经成为一名长者。随着时光的流逝，昔年那个酗酒村庄消失了，印度南部出现了一个"新农村"。村还是那个村，但你现在走进村庄，再也闻不到腥臭的醉后呕吐物，看不到厮打成一团的醉汉。唯见窗明几净，一家家，一户户，门前树下，对坐着一对对憨厚的棋手，正全神贯注，倾注于棋道之追求。

这个村庄，成了远近闻名的国际象棋村。

人心深处，都有着向善向上的渴望。只要给他们一个机会，启迪每个人心中的善念，不啻打开天堂之门。

改变世界，不过是一个小小的行动。

08

重拾你少年时代的梦想，别再说不可能。

Google创始人拉里·佩奇，其大脑构造和正常人类是有区别的。这种区别，表现在他对于一些日常词汇的理解与大家完全不同。

总会有人对他说："拉里，这不可能！"

拉里回答："哦，你的意思是说，我们铁定能成功？"

不是……对方纠正拉里："我的意思是说，你死定了。"

明白了，拉里·佩奇欢天喜地说："你是说我们赢定了！"

这就是拉里·佩奇，他和我们任何一个人都没区别。如果说有，那就是我们脑子里出现一个想法时，就会马上告诉自己不可能，然后趴在地上"呜呜"地哭，感觉人生好绝望，而拉里却立即开始尝试，不管想法何等荒谬！

一个瘦弱的印度少年依靠国际象棋彻底改变了村庄里人们酗酒的陋习。如果他只把想法埋在心中不去付诸行动，即使改变一个酒鬼也只是异想天开。可是，当少年行动起来时，他面前的世界就立即与之互动，带给他一个极尽美丽的前景。

09

天生万物，各得其妙。哪怕一个人被抛弃在垃圾堆中，也无损他独一无二的事实。但这个伟大的事实，被我们自己无视了。

从小到大，我们听得最多的，就是不可能、太愚蠢、别胡思乱想了。久而久之，我们自己终成为这样的人。无论听到什么想法，还没听完就急不可耐地打断人家：不可能，太愚蠢，你别胡思乱想……我们失去了上进的动力，以为视线所及的颓废，就是整个世界。

但这不是！

世界是积极向上的，充满进取精神与奋斗力量的。从拉里·佩奇到印度南部的无名村庄，处处都有不屈服于颓废的人。他们始终在向前走，从未放弃心中的理念，矢志改变世界，无怨无悔默默行动。

行动起来吧，跳起来吧，别再死气沉沉，萎靡不振。

我们与拉里·佩奇及印度无名少年的区别，就在于有没有行动。

做一个勇敢的行动派吧！哪怕是拉里·佩奇，这一生也会听到无数的泄气之论。无名的印度少年，更是生长于天然的颓废地带。他们的心有坚实护盾，不会被这些颓废之言所压倒。而我们，只因为失去了勇敢，不敢面对自己，就任由自己的渴望之心，沦为这类废弃言论之下的掩埋物。我们失去了自己，因而失去了整个世界。我们害怕失败，却忘记了所谓失败只是尝试过程中难免的产物。我们曲解人生，以为取得成功如中大彩，只是一瞬间的事儿。但现在我们知道了，每个人不过是在持续地进行人生营建。或如拉里·佩奇式的4年，或如印度少年般的40年。我们每个人的梦想，有一个辽阔而遥远的周期，一如严冬寒星，悬垂天际。纵然我们一生无法抵达，但始终照亮我们生命的行程。而于这个过程中坚忍地行进，才是我们每个人的人生！

真正能帮助你的，只有自己

01

有个穷人，找到一位财经分析师，说："我受够了，不想再过贫穷的日子了，我要成为有钱人，要让所有人都高看我一眼。"

分析师："好，我愿意帮助你。"

穷人："请告诉我，我不想改变我自己，我就是我。这种情况下的我，如何能在一年内赚到100万元？"

分析师："容易，太容易了。你只要往银行里存4 000万元，不需要做任何事儿，就能轻松拿到100万元的利息。"

穷人："你……我没有4 000万元。"

分析师："这更容易，你只要往银行里存入30亿元，不需要做任何事儿，一年下来的利息，就是4 000万元。"

穷人："你……我……你玩我！"

分析师："不是我玩你，是你自己玩你自己——穷人和富人其实是一样的，都有4 000万元的能力资源，都能够赚到100万元；也同样都有30亿元的能力资源，赚到你期望的4 000万元。但是，有些人由于在成长过程中的认知欠缺，把自己的能力抑制了。你不肯打开你自己，不肯释放出你的能力，就无法改变你不喜欢的命运！别固执，放开自己吧。"

02

讲上面这个段子，是因为最近听说了一个很让人开心的故事。

故事说的是个年轻孩子，过着悲惨的人生。直到有一天，这孩子勇敢地面对世界，打开自我，他的悲惨生涯才告一段落。

03

这个年轻人，刚刚26岁。他是个"超生娃"，当时家里已经有个孩子，他是不允许出生的，但他父母还是坚持把他生了下来。为逃避罚款，父母把他送到了大城市的姑妈家。姑妈家的生活水平很高，他啃着猪蹄成长，走在小朋友们中间，有一种自然而然的优越感。

只是幸福的日子太短暂。

7岁时，他被送回家，看到的是一片鸡飞狗跳：母亲坐在沙发上哭，父亲蹲在一边哄，家里一片愁云惨雾。

父母下岗了。

从此没有猪蹄啃，也没有新衣服穿了。

年轻人说，贫穷的生活带给他极度的自卑心理。

去亲戚家，看着一柜子一柜子的书，他好羡慕。想多读一会儿，可是亲戚不愿意借，自己更不敢开口。

最让他感到自卑的，是身边有个漂亮的小妹妹喜欢他，叫他哥哥，可是他只能咬着牙默默走开——没有钱，买不起小妹妹爱吃的糖葫芦。

走投无路的父母，在街上摆了一个小烧饼摊。孩子的心里是痛苦屈辱的。

他也听人说劳动最光荣，听人说穷人的孩子早当家。可他就是光荣不起来，沦落至社会底层的父母，让他生出无力承受的羞耻感。

父亲每天凌晨起床，深夜方归。如此辛苦并没有唤醒他的心，而是让他备受煎熬。他怕同学们知道，怕被嘲笑。人家的父母或有钱或有权，而自己的背景却是如此可怜。

但同学还是发现了，就问他："附近有个烧饼摊，是你家开的吧？"

"不是！"他高冷地否认。

初中时，他对班里的漂亮女生产生了朦胧的爱慕之情。可是他不敢吭声，因为太自卑。

耳听着家境富裕的男生，与自己暗恋的女生说说笑笑，躲在一边的他心如刀割。

中考发挥不理想，差了9分，需要家里拿出两万元，他才可以读最好的高中。父亲和母亲当场号啕大哭，拿不出两万元。

要不去找亲戚借吧？有钱的亲戚们微笑着，摇摇头，摆摆手。

有钱也不借。贫居闹市无人问，富在深山有远亲。他说，他曾那么怨恨，你们那么有钱，就借我们一点，又如何？

等他长大自立，才明白过来，人家自己的钱，想借就借你，借你是情义；不想借就不借，不借是本分。你没资格怨恨别人。

但当时的他，心里充满怨与恨，还有更深切的屈辱感。

高中时，他喜欢上一个女孩，想一辈子和她在一起。就省吃俭用，为女孩准备礼物——可是他每天的早餐钱只有1.5元，连续省几天，也不过只请得起人家吃一个茶叶蛋。当竞争对手捧着大大的泰迪熊送给女孩时，他本能地退缩了。

令他绝望崩溃的是，他在测试时，在全年级800名学生中考了第750名。

幸好老师没有放弃他，于是他咬牙努力，终于后来者居上，从第750名追到第600名，从第600名追到第300名，直至成为年级第30名。最终，他考入"哈工大"。

希望的灰烬再次燃烧。但当他走入校门，才知道更可怕的打击正在前面等待着他。

长时间的自苦自卑，使他形成了退缩恐惧的性格。他不敢在陌生人面前说话，最害怕的是自我介绍。他也知道大学是改变命运的关键，就强迫自己报名参加社团，参加学生会，报名去兼职。但是他统统都被拒绝。就这样沉寂到了大二，老师鼓励同学们勇敢地表达自己，并让他上讲台。当时他吓惨了，拼命挣扎对抗，最终还是两腿绵软地被拖上去。那是生平头一遭对那么多人讲话，开始时吓得语无伦次，但慢慢地，就感觉自己放开了，只知道自己当时越说越离谱，但究竟说了些什么，根本记不起来。

从此陷入亢奋状态，认为自己还可以再抢救一下。然后是更严重的自卑感来袭，让他再度陷入更沉默、更恐惧的心态中。

大三时，他遇到了喜欢的女生，对方的家境比他好，可是并不嫌弃他。

毕业后，两人立下誓言：山无陵，江水为竭，冬雷震震，夏雨雪，天地合，也要不离不弃，一起考研究生——然而他背弃了誓言。

家里出事了，需要钱，他必须立即找工作，赚钱帮助家里。工作之后，眼看着渐行渐远的女友，他又反悔了。这么好的姑娘，怎么可以任她离去？索性放弃不错的工作，继续考研究生吧。

人生一下子倒退了五年。他放弃了一份极有前程的工作，就算考上研究生，也未必能够再获得这样的好机会。更糟的是，他还没考上。

就这样一番瞎折腾，他沦落到了最不堪的地步。女友离开，父亲病重，自己饭也没得吃，买份炒饼还要赊账。

研究生总算是考上了，但人生好像也没什么希望了。

从此他自暴自弃，躲在寝室里打游戏，看美剧。

就这样一天天沉沦，坐视生活如无底之渊，渐渐吞没了他。

当所有希望彻底丧失之时，他忽然坐起来对自己说：反正已经死定了，要不咱们再抢救一下？

如何抢救呢？

他反思自己一步步退缩，从拥有整个世界到退缩入斗室，就是因为自己心里充满了恐惧。可是，大二时自己也曾登台演讲，感觉自己那时并非无可救药。

要想改变现状，必须先行克服内心的恐惧，克服自卑意识。

必须打开心，释放自己。

于是他强迫自己走出门，去找兼职。第一次找了一家哈根达斯店，但人家说，你见人不敢说话，只能去后台工作。

他不去后台，非得跟人打交道不可。

他又换了一家手机店，这家手机店居然安排他在门口喊"欢迎光临"。可是，他喊不出来，因为他不敢喊。

总这样下去怎么可能改变自己？他不断地为自己加油打气，经过一番心理建设，他最终硬着头皮喊出了第一声！

喊出第一声后，他又鼓起勇气喊出了第二声，然后越来越自如，越来越流利。两个月后，他以兼职身份，拿下公司在北京10家门店的销售冠军。

他真的把自己抢救回来了。不过是破釜沉舟，向自己那自卑的性格发起挑战，没想到走出憋屈的心，他的世界豁然开朗。从此，他不再卑微，不再恐惧，甚至雄心勃勃地想干一番事业。

干点什么好呢？真要说到本事，自己好像就是个吃什么什么不剩，干什么什么不行的货。他清点26年的人生路，打幼年时，满脑子想的就是追女生，这辈子自己好像并不关心别的，就是好这一口。要不，咱就干这个得了？他真的干起了这个，还干得不错，年入百万元。

这个年轻人是微信公众号"坏男孩"的创建者——Teddy晓。他通过创建公司，专门帮助那些缺乏勇气的男孩子，鼓起勇气，向喜欢的人大声地告白，你过来，我有个恋爱跟你谈一下……他成了一个对他人有价值的人，也成就了自己。

他人生的前半截平淡无奇，不过是太多的人从野心勃勃到沉沦静寂的全过程。许多人就是这样，成长时的认知残缺形成了人格上的障碍。此后这障碍如同陷阱，让整个人生慢慢地沉入其中，再也爬不出来。

不敢正视自我，逃避自我。怨亲戚无情，怨情人无义，怨社会冷漠，怨人生坎坷。一边嘟囔着一边后退，最终退无可退，把自己的人生活活憋死。

佛陀说"回头是岸"。改变自我，不过是一瞬间的事儿，就是立即行动，挑战自我人格上的残缺。

众里寻他千百度，蓦然回首，你人生的希望就在灯火阑珊处。正如你在Teddy晓身上所看到的，那一瞬间的决绝，迎来了他人生的巨大转机。

Teddy晓所走过的路，其实也是所有有成就者的历程。没有谁一落地就是天然的成功者，每个人的成长都积累了无以计数的错误。都是向自我残缺发起挑战，重新改写记忆，形成新的认知，才能够唤醒自我，迎来生命转机。

04

你记得什么，你的未来就拥有什么。

如果你的记忆中，只有自卑自苦，只有自艾自怨，那你的前行之路就必然愁云惨雾，暗淡无光。必须做点什么，挑战自己，让自己的认知中多点新奇刺激的东西，才能走出卑微的心理舒适区。

当你心智蜷缩，如寄居蟹躲入狭小的心理舒适区，就会软弱无力，把希望寄托于别人。这时候你会感受到世态炎凉，感到人情冷漠。可实际上没人能够帮得了你，全世界都帮不了一个躲进自己心里的人，除非你自己走出来。

走出来吧，无论我们走出多远，仍然是在自己心里，不过是彼此的心理舒适区的大小有差别而已。所谓的自卑，所谓的可怜，都是些偏执的妄念。只是因为人类的思维，充斥着过量的嘈杂信息，我们迷失在不准确的记忆中，因而生出匮乏感。这种匮乏感削弱了我们自身的能力，让我们日益不堪。救赎来自内心深处那一声微弱的呼唤——不甘心！所有成就事业的人，只是不甘心命运的摆布，不甘心永世的沉沦。任何时候当我们鼓起勇气，不再啼哭不止，而是站起来，转过身，向心理舒适区外边看过去，就会看到彩霞满天，繁花似锦，会看到希望如火一般熊熊燃烧悬垂于天边。走过去，那才是真正的你自己，才是你生命的辉煌与灿烂。

第 六 章

过上你想要的生活

没有失败过的人生，也没有成功可言

01

做人，最要紧的是通透。通，没有障碍，可以穿过，能够达到。透，看穿障碍，看明方向，看到目标。

通透之人，自由自在，舒适爽快，活得轻松，活得坦率。

不通透之人，惯于无事生非，横生枝节，堵自己路，憋自己心，把好端端的人生弄到鸡飞狗跳。因而疏离于快乐，压力巨大，活得委屈、痛苦、艰难。

02

拦江书院的一位学士跟我讲，他在网上看到有个孩子发帖倾诉内心苦痛。

孩子说，他的父母不懂教育，对他态度粗暴，野蛮压制。8岁时因为尿床而羞辱他，10岁时当着别人家孩子的面讥笑他，骂他没有上进心，终将一事无成。无论他要做什么，父母总是横加干涉，泼冷水打闷棍，让他太多的渴望胎死腹中。

他说，父母皆祸害。

父母的残忍粗暴，字字如刀，句句利刃，切剐着他的心，让他辗转反侧，夜不能寐。他呼吁天下父母，体谅孩子的脆弱凄苦，不要再伤害孩子！

听他说得凄惨，学士就建议："你老大不小，应该自立了，为什么不搬出来自己住呢？"

不行！对方说："如果我搬出来，就没地方住了。"

怎么会？拦江书院的学士很是诧异，顺着这孩子的话理一下，才意识到发帖孩子应该是一位40多岁的大叔。

40多岁的大叔还在抱怨父母，这事怎么想都不对味。

03

有个孩子，在网上倾诉爱情之苦。

他喜欢一位女生，每天10元的零花钱，9.9元用来给女生买早点。可是，女生始终对他若即若离，既不答应也不拒绝，零食照单全收却从不答应与他交往。直到有一天，富二代驱车而来，女生袅袅登车，对他说："我不是贪慕虚荣之人，也不注重物质享受，你只要……"

只要什么？

男孩说："车开得太快，后面的话我没听清……"

04

有个女孩，也不知倒了什么奇怪的霉运，接二连三地与人品极坏的男人交往。这些男人吃饭必逃单，吵架就发癫，眼高手又低，怒刷存在感。

听说人间有"四大神兽"：最优秀的别人家孩子，最懂教育的别人家父母，最温柔的别人男友，最宽厚的别人老公。"四大神兽"完美无缺，天天听说，却从未见过。

女孩仰天长啸，飞泪如雨，为什么，为什么我就遇不到一个优秀的男孩子？

05

我们在日常生活中遇到、见到及听到的事儿，不止上述几桩。

余者诸如：

如何从困境中走出来？

如何获得存在感？

如何成熟？

如何让内心更强大？

如何成为一个有教养的人？

此类问题，林林总总，全部罗列出来，大概能绕地球十几圈。

诸多不同问题，应该各有其解决方案，实际上，上述问题都是出自同一个症因：

不通透！没看明白，没想清楚，没理分明。

所以，此类问题，其实有着同一个解决方案。

06

大概三个月前，心学讲武堂的一个女学员对我说："雾老师，我想成为一个美女作家，现在完成了一半目标，另一半该如何着手？"

一半目标？意思是说，她现在已经是美女了，下一半目标，就是要如何才能让大家承认她是个作家。

当时我回答说："作家、艺术家以及工匠什么的，都是技能属性。技能，不是手把手能教出来的，而是自我训练的结果。"

所有大牌的作家，都是躲在小屋子里点灯熬油，刻苦磨砺而成就的。掌握技能的人，好比厨师，只听厨师讲课却未经自我训练的人，最多不过是个挑剔的食客。学院教育能够教出文艺批评家，却教不出作家；能够教出历史鉴识者，却教不出历史学家；能够教出工程师和数学老师，但教不出科学家和数学家。

07

要成就事业，必须遵循五倍资源法则。也就是说，为了达成目标，必须准备五倍的资源。

给人一杯水，你至少先要准备一桶水。比如一个厨师，哪怕烹饪理论背到滚瓜烂熟，但端起炒瓢，可能要炒上五盘菜，才有一盘勉强让人吃得下去。

比如一辆车，哪怕是造得华丽非凡，也需要横贯崇山峻岭的高速公路，才能让车飙起来。如果你修建的公路，跟这辆车同样宽窄，此车必然报废。比如一簇植物，需要足够的成长空间、足够的泥土，让植物根系舒展扩张，汲取营养。如果你把植物养在与其根系同样大小的空间里，此植物必死无疑！

阅读者，如果要养成娴熟的阅读能力，至少要阅读五倍于教科书的经典，才能形成文字敏感，达到一目十行且过目不忘的程度。许多读书慢的人，不明白这个道理，总是担心别人说自己阅读不用心，阅读时不敢加快速度加大量，搞到大半年也读不了几页书，越读越慢，越慢越记不住，最终彻底丧失阅读能力。

职业作家，哪怕是个垃圾写手，他要想拿出2 000字来，至少要写10 000字！如果他把写的10 000字全端出来，行家拿鼻尖一嗅，就会喷出一句：你这里边80%，不过是肥料！

2 000字的精华，是靠了五倍的文字量滋润而成的。

这个就叫"写作的五倍成功法则"。

08

"五倍成功法则"，不仅是说阅读、写作，也是人生事业爱情生活诸方面的规律性体现。

"飞人"乔丹，被视为商业社会的成功者。但他说："你错了，我从来不是什么成功者，从来就不是。我实际上是个巨大的失败者。曾有9 000次，我在绝对优势情形下投球，大家都认为应该进，我也认为应该进——但球没有进。9 000次没有进，脸皮巨厚的我，气不馁，心不慌，仍然淡定地投球。于是投进了4 473次。9 000次没有进，这只是在正式比赛的球场上。日常训练时，我的投球次数，不少于67 365次。"

哪有什么成功法则，唯有死撑。

没有9 000次的失败，乔丹可能就是你——从未失败过的你！

09

相比于屡败屡战的迈克尔·乔丹，很多人恐惧失败。他们不知道，失败是必然的，成功是偶然的。所谓成功，不过是例行失败出现差错的结果。

比如文中第一个故事，40多岁的老男人，还靠父母养活，每天抱怨父母不懂教育。也亏他脸皮够厚，十几岁时说这事还有道理，二十几岁开始自己的人生，就失去抱怨父母的义理依据了。可这位老兄人到中年还在说这事，就是因为他人生累积太少，从未干过正事，没有体验过连续性失败之后，偶然出现意外成功的惊喜。

失败不可怕，空白才是真正令人恐惧的。另外几个故事，索爱无果的男孩，人生陷入低谷的失意者，与总是遇到坏男人的姑娘，归结起来也是同一个道理：他们的人生失败太少，缺少足够的经验资源，无力应对下一场的人生挑战。

正如一个作家，狂写五本书，才有一本书具有出版价值。人生的任何一步，都需要五倍的资源储备。即使是五倍的投入，也未必就一定会赢。必须如乔丹那样，近七万次的场下训练，才获得一万余次的场上机会。而后是一多半的失误，以及偶然的幸运，才构成常态的人生。

10

人生根本没有什么失败，只是有些人曲解了事务推进的流程。什么叫事务推进的流程？聪明的男孩在追女孩时，会精心计算，追这个女生大概要花半年时间，要与之会面30次。那么就可以把整个追求进程，在脑子里列出个时间表。第一次只是相识，微笑，留下点印象；第二次点头，致意；第三次搭上话；第四次关心问候……第十次请人家吃饭……第十五次看电影；第二十次从电影院里出来，要牵着人家的手……第三十次还是牵着手，但直接牵进洞房。

你要说服的客户、追求的目标、达成的任务、完成的使命，正如这个姑娘，没有前29次的铺垫，人家凭什么进你家洞房？可有些朋友执拗地把前29次铺垫，视为29次失败，不敢追求，不敢行动，坐视女生被别人拖走的机会，徒留自己形只影单。

人生没有失败，只有铺垫。不敢尝试的人，都是错把铺垫当成了失败。所以有些人会放弃自己，失去自立，拿自己当成无骨藤蔓，想缠在别人身上。所以最美的情话，一度是"我养你"。可这话信不得，人生如逆水行舟，不进则退。你坐视自己一天不如一天，却希望爱情地久天长，这对对方而言，太不公道了。人生最可怕的，是把命运交到别人手上，因为这种做法如同把自己变为一只蜷伏于笼中的鸟儿，一旦主人疏忽了投食，悲惨就到来了。电视剧《我的前半生》把这个道理已经说透——每个人都是罗子君，必须保持强大的生命活力，读书、交友、旅行，扩大自己的生存圈，自立者才有自尊，自强者才有明天。人生不过是一场声势浩大的单独旅行，要活得通透，看得分明。闲时忙时铺垫事业，当铺垫的资源构成肥沃的泥土，我们的未来才会厚积薄发，迎来美丽绚烂的人生。

别让过剩的自尊害了你

01

今天看到句好玩的话，这个世界不属于"80后"，也不属于"90后"，更不属于"00后"。那属于谁呢？属于脸皮厚！

哈哈哈！笑完了，咱们说正事。人和人的区别，究竟在哪里？

2016年6月，美国著名教育心理学家、认知心理学家杰罗姆·布鲁纳去世。

教授生前，曾有过一个很耗时间的研究。他搜集了近百个名家案例，给这些学术有成的人士详列简历，查出名人们的小学名录。然后派了研究生，去这些地方寻访当年与名家同窗的人，让这些人回忆当年。结果发现，在这些幼年同学的追溯中，对名家的记忆并不深刻。也就是说，名家们在读书时，并不是班级里最聪明的，最多排到中等。接下来，按名家同学的回忆，再去寻找当年最聪明的学生，却发现那些人有极大一部分并不出色，甚至许多人终其一生还未摆脱迷茫困苦。小时了了，大未必佳。何以如此？

我有个朋友在高校任职，曾讲过他的一个笨学友。这个笨学友，脑子不是太够用，每天抱着书本苦读，也读不明白。

读不明白怎么办呢？笨学友想出来一个奇招：每次上课前主动替老师奉上

一杯茶水。同学们都笑话他，他却不为所动，居然坚持了整整四年。毕业前夕，大家心想按这老兄的智力，顺利毕业似乎有一定难度。可是，他为老师们奉茶四载，每个老师都熟悉他，张口就能叫出他的名字。所以，在他的综合表现方面，老师们会不会手软点呢？

不好说，总之人家顺利毕业了。毕业之后，这老兄找到了一份稳定的工作，娶妻，生子，业余兼职做电商，收入多少大家不清楚，反正人家买得起市区最好的楼房。

相比于这位老兄，那些自诩智力优越的学友，有才有能却处处碰壁，就是搞不过他的厚脸皮，这多让人上火？

02

教育学家耳提面命，决定人生成就的不是智力，而是坚持。拼的就是皮厚。比如说，许多聪明人脑子够用，思维敏捷，但就是脸皮太薄。做事时如果一次不见效，就失去了坚持的勇气。又或者，有时候他们也鼓励自己要坚持，可是听到旁人的嘲笑，就立即两眼发黑全身酥软，再也坚持不下去了。

为什么会这样呢？心理学家告诉我们，这个事儿还真怪不了我们自己，皮厚或皮薄是由每个人的心理结构决定的。有些人天生就是皮厚，蒸不熟煮不烂，扎一锥子不出血，滚刀肉一块。这种人一旦铆上事业，那就是"西瓜皮擦屁股——没完没了"，不搞出点名堂来，这事不算完。而皮薄之人，麻烦可就大了，这类人闲来无事，还老是觉得大家都在盯着自己看，恨不能挖个洞把自己藏起来。倘若做起事业，更感觉人人都盯着自己，如芒在背，窘迫异常。事业纵然一帆风顺，他们都倍觉难堪，倘若事业有点波折，就更是感到无地自容。

人和人，就是这样拉开了档次。

03

皮厚族对失败无感，对他人的异样眼光无感，所以他们总是一往无前。一旦走对了路，就可能捞得盆满钵满。

皮薄族就惨了些，最怕人看，最怕人说，却又时刻渴望得到周边人的认可。最要命的是他们的心理感受太强烈，遇到挫折时，就会产生真切的肉体巨痛。这种痛是真实存在的，不是什么玻璃心，所以他们的事业就变得异常艰难。

然而，皮厚族与皮薄族的心理结构又有何区别？

假如两个智力等同的人，思考问题时思维的关注总量是个常数，假设这个常数是10分。那么皮厚族思考问题时，高于9分只关注问题本身，剩下来的不到1分，才能照顾一下身边人的情绪；而皮薄族呢，他们在思考时，大概有9分多放在别人的反应上，留给问题的还不到1分。当遭遇到外界的冷嘲热讽时，皮厚人士感受到的伤害，低于1分；而皮薄人士承受的心理伤害，却高于9分。这就意味着，同样的环境，皮薄人士遭遇到的伤害比皮厚人士高8倍。

据心理学家测算，当皮厚人士与皮薄人士同时遭到拒绝，皮厚人士受到的伤害，不比你朝犀牛屁股上拍一巴掌更多。而皮薄人士的感受，却如砍掉一条手臂那般剧痛。

所以，当我们身边有些朋友总是在挫折面前感受到伤害时，千万不要轻率地指责他们不肯坚持。他们不是不想坚持，只是真的疼。

04

如你所知，这个世界，真的是属于厚脸皮的。随便翻开一本书，你会发现，古往今来成事之人，无一不是皮厚之人。说好听点，也可以叫毅力，叫坚持。但说到底，就是比拼皮厚度而已。

人生比拼的，是对他人关注的忍耐力。

比如说，楚汉年间，刘邦与项羽争天下。此二人中，刘邦是出了名的皮厚族，他与项羽之战，几乎是交手必败。但他败而不馁，撒腿狂奔，能逃多远就逃多远，才不理会"吃瓜群众"那惊诧的眼神。

而项羽呢，却是个典型的皮薄族。他甚至创造了一个皮薄馅大的成语"衣锦还乡"。

项羽说："富贵不还乡，犹如衣锦夜行。"意思是说，我之所以要干出点名堂，就是给人看的。可见他的思考范畴里，他人的认可才是最重要的。所以项羽赢得起输不起，他赢了那么多场，只输了乌江一次，就因无法忍受世人讥讽的眼光而果断地抹了脖子。

历史或现实，都是这样：一旦你认输，自动退出比赛，皮厚人士就赢定了。所以这世界搞来搞去，赢家全部是皮厚人士，皮薄人士纵然满腹幽怨，也没处说理。

05

要想让自己有更强的毅力、更坚韧的勇气，就要好好学习一下如何调整自己的心理结构。

美国心理学家德威克，花了10年时间对400名小学生进行实验。结果表明，决定孩子人生未来的不是智力，而是孩子们的世界观。

有些孩子，世界观如块石头，认为人生的许多东西是固定的。比如说，才能或智力。一旦孩子的世界观固化，就很容易放弃努力。另外一些孩子，世界观却像团胶泥，是变化可塑的。既然一切都不确定，人当然可以在学习中成长。所以他们更关注事件本身，更有可能多多尝试。

世界观固化的孩子，很有可能成为皮薄人士。这是因为他们已经认定自己智力固化，理所当然不再关注结果，而是更关注他人的视线，陷入他人对自我评价的沮丧之中。

反之，另一类孩子会很容易走向皮厚界。横竖一切都未确定，那就多给自己几次机会，学习，成长，哪怕如刘邦那样失败无数次，只要有一次把皮薄对手挤对得自行退出比赛，那就赢定啦。

所以，优化我们自身，要从世界观开始，接受一个变化的不确定的世界，这世上真的没有什么是一成不变的。

漫画家几米说，我遇到猫在潜水，我遇到狗在攀岩，我遇到夏天飘雪，我遇到冬天刮台风，我遇到猪都学会结网了，却没遇到你。

为什么没有遇到你？因为几米在描述一个完全不确定的世界，而你却生活在固定的观念之中。

放弃一切既成的观念。今天的你，与昨天完全不一样，与十年前不一样，与十年后更不一样。

接受变化，倾注学习与成长。除此之外，别无意义。

06

人生需要尊严，但别让过剩的自尊害了你。自尊只有一种，在红尘凡界行走多年，蓦然回首，发现自己的青春没有虚度，生命没有浪费，始终在学习，始终在成长，一天比一天优秀，一天比一天自由。

当回首往事的时候，我们不会因为虚度年华而悔恨，也不会因为碌碌无为而愧疚。任何时候都可以说，我已把自己整个的生命和全部的精力，献给了世界上最壮丽的事业——解放自己，让整个人类获得自由！

除此之外，在别人目光中的纠结与苦痛，并非自尊，而是认知扭曲的迷障。

　　不理会别人的劣评，也不把劣评加之于别人，爱在心里，微笑前行。这世界或许不属于我们，但我们一定会属于自己，属于快乐与自由。

现实很残酷，我只想活得轻松些

01

以前，科学家搞研究是很原始的。曾有个科学家，弄来一只大猩猩，关在一间屋子里。

他的研究课题是：当无人观察时，大猩猩在干些什么？

现在这项研究根本没必要，只要坐在屋子里，看看监控就全知道了。但当时没有摄像装置，这项研究就有难度了。

再难，也难不住科学家。经过严肃的思考，科学家决定趴在钥匙孔洞上，偷偷地看！于是科学家蹲下身，把眼睛凑到钥匙孔。突然之间他尖叫起来："啊，吓死我啦……"

他究竟看到了什么？

观察大猩猩的科学家把眼睛凑到钥匙孔上时，惊恐地看到一只好大好大的眼珠子——他偷看屋子里的大猩猩，大猩猩也在偷看屋子外边的他。他想知道大猩猩在干什么，大猩猩也想知道他在干什么。

大家想一块儿去了。

人类社会的全部秘密，几乎都在这个粗糙的实验里。

02

网上热议一件事，有位10岁的小朋友超级聪明，其奥数、围棋、滑冰成绩都顶尖，全班考试成绩第一，英语口语也很棒。但是，这位小朋友说，爸妈不配拥有我这么好的儿子。

为什么呢？

小朋友罗列爸妈"凄惨"的物质条件：开的是十几万的日产车，买不起自己想要的苹果手机，妈妈只知道拿他当猪养，爸爸到处炫耀孩子围棋下得好。再有就是爸爸妈妈想生二胎。但这个小朋友认为，父母给他的已经严重不足，凭什么再让他分享出去。

好多人震惊了，现在的孩子一点也不知道感恩。这个年龄的孩子正处于艰难晦涩的心智发育期，正努力掌握对这个世界的观察方式。如果说，我们和这孩子有区别，那就是我们在这个年龄时比他更蠢，说出过比他更狠绝却自以为聪明的话。

千万不要忘记自己的成长，这只会让我们在趾高气扬的道德谴责中，变得越来越蠢！

03

积极心理学大师阿德勒说，失去自我的人，一生中遭遇的困难最多，对别人的伤害也最大。

有的父母，在孩子成长面前束手无措。有的年轻人，在进入社会时处处碰壁。还有些人，年纪一大把，却莫名其妙地搞出什么中年危机——这事也许不能怪自己，但每个遭遇麻烦的人，确实有他自己难以推卸的责任。

这责任，就在于我们成长之初，思维明晰且睿智，但不知怎么搞的，有些人长着长着，却越来越糊涂，渐而迷失自我，于是陷入无尽的痛苦与悲伤之中。

莫忘初心，方得始终。

你是怎么对待世界的，这世界就怎么对待你。如果你活得稀里糊涂，痛苦不堪，就连自家的孩子都认为你配不上他，那一定是你对待这个世界的方式和方法出了问题。

04

少年时期，我们就如被关进屋子里的大猩猩，紧张地观察四周。

起初，你我心中充满恐惧，唯恐被哪只灵长类煮熟吃掉。但慢慢地你发现，身边的人并不会带来什么危险，恐惧感消退减弱，立即恢复善良而又单纯之态，开始以上帝之视角，对这世界评头论足。

那时候，我们会以自身为主体，把四周的人分为四类。

第一类，没用也没趣。

这类人没什么本事，趣味寡淡，活得如过街老鼠，灰秃秃的毫不起眼。他们虽已成年，但内心充斥着巨大的恐惧。他们可能活了很久，实则不过是重复了同一天。他们的能力不堪提起，而那满脸的惊恐，一副大难将临随时狂奔逃到宇宙边缘的紧张，更难让我们喜欢。

电视剧《欢乐颂》中就有这么个角色，叫刘思明。此人靠资历熬成经理，实则毫无作为。无论高管怎么对他耳提面命，可他连报告中的错别字都不肯修改。搞到最后他突然脑梗病倒，然后家人一口咬定是被公司逼迫所致。

这类人既无趣味也无能力，年轻时如此，可以怪爹妈，活到一把年纪还是如此，那就只能怪自己了。

第二类，没用但是有趣。

这类人多不过是骗子之流。所谓男人不坏，女人不爱，说的往往就是这类人。我们也知道这类人何等丑陋不堪，可有时宁愿选择让对方绞尽脑汁地欺骗自己，也不愿意把美好的生命虚掷在那些没用又没趣的人身上。

这类人是绣花枕头，徒有其表。所以他们除了为我们带来一时的磨难之外，别无价值。

第三类，有用但是无趣。

有用而无趣的人占到了大多数。他们每天都在努力，渴望获得认可。但在爱情上，这类人往往会被视为备胎。在职场上，他们多数会被视为弃子，视为卸磨之后要杀的驴，视为过河之后要拆的桥。我们也知道这样做对他们来说不公正，但相比于实用价值而言，乏味与无趣才是生命不堪承受之痛。

不要说世人冷酷，人生太漫长，大家只想活得轻松些。

网上有个故事，说一个女生容貌超美，就是管不住嘴。男友鼓励她勇敢地吃吃吃，只有吃到肥，人生才叫美。

结果女生吃到很肥胖，而男友求婚时却呈上了一枚极小极小的戒指，女生肥粗的手指根本戴不上。

这时候男友才说实话：等我把你娶回家，就可以让你放心减肥啦。反正你已经嫁给我，飞不掉了。

什么？你存心让我吃到肥腻，就是怕我甩了你？而实际上，你根本不爱肥腻腻如五花肉的我？

巨大的羞辱让女生愤懑于心，当场掷戒指于地，掉头离开。

分手之后，女生又遇到了一个男生。这男生不嫌她肥，也不说她腻，只是带着她玩，带她跑步、登山，做各种健身运动。没多久，女生恢复了初始的苗条与靓丽，幸福地披上婚纱嫁给了这个男生。

许多人愤怒地谴责女生，第一个男孩只是想让你减肥，你就提出了分手，为什么甘愿为第二个男孩减肥成婚，你怎么这样厚此薄彼？

不为什么，只因为女生在第一个男生那里，没有获得应有的尊重。而在第二个男生那里，她得到了想要的一切。

第四类，有用而且有趣！

博客时代，曾有位妈妈开博，一下子就火了。为什么呢？因为这位妈妈是位全职太太。她喜欢园艺，家里的蔬菜都是自己亲手种植的。她热爱生活，狭小的家被她布置得温馨美丽。她也和其他家长一样，送孩子去各种学习班。但她和孩子一起学，她跟孩子一起学钢琴，一起学滑冰，后来孩子学做手工活，她迷上了艺术香皂，自己买材料，做研究，还把研究过程贴出来。岂料一炮而红，好多人要求购买，结果她卖艺术皂赚到的钱比老公赚的还多，让老公好不悻悻然。

她过生日时，孩子会用积攒的零花钱为她精心挑选礼物，并对她说："妈妈，你是最美的，只有最好的礼物才能配上你。"

——为什么她的孩子，就说不出"爸爸妈妈配不上我这么好的儿子"的蠢话？

因为她真实有趣，鲜活而灵动，所以赢得了孩子及别人的敬重。

05

有时候，我们太委屈自己了。把最好的东西给了别人，希望别人活得有价值又有趣，却把最坏的留给自己，让自己活成了无用又无趣的奇怪样子。

为什么要这样委屈自己？

当关在房间里的大猩猩趴在钥匙孔上偷看人类时，它把一切看得明明白白，但它仍然是只大猩猩！

我们又何曾例外？看别人时，知道什么是对的，什么是错的，知道人生最好的境界是活出价值，活出趣味。但为什么非要跟自己顶牛抬杠，死活不肯让自己也接受这最好的礼物？听从你内心的声音，把最美好的馈赠给自己吧！

06

所有那些失去趣味的人生，都充满了无尽的委屈。但这委屈不是别人造成的，而是自己造成的。

纵然是无尽的抱怨与泪水，也改变不了自己的处境，因为我们没有改变对待自己的态度和方式。

先要爱你自己，知道你我的生命原本就是个美丽的偶然。我们没理由辜负自己，没理由辜负生命的奇迹。

然后找到你喜欢的，同时能够让别人眼前一亮的东西。这东西一定是契合生命本义、契合人生成长价值的，一定是建设性的、带给别人无尽快乐的。

任何事情你一旦倾情投入，就会发现其中乐趣无穷。群众的眼睛是雪亮的，在芸芸众生中，他们能一眼发现那些既有价值又有趣味的人，而后就会无可救药地爱上那些人。

爱自己，把最好的东西给自己，把颓废与消沉抛到九霄云外。你用苛刻的眼神挑剔世界，这世界也用苛刻的眼神挑剔你。除非你为自己选择最好的，否则世界不会认可你。这道理如此简单，连不懂事的孩子都知道。但当我们与这个简单的道理疏离，人生就变得复杂而痛苦。复杂不过是心之迷失，痛苦多是自我设限。人生活到极致，不过是素与简。简约人生，美丽同行，只选择最好的，不委屈内心渴望，才会见到繁花无尽，盛开于你生命深处的幽林秘境。

超越基因意志，人生的境界才会高远

01

混沌学社的李善友老师，讲了一个掘地蜂的故事，把我给吓哭了，你敢不敢听这个故事？

掘地蜂，黑色，个大，善良，居住在地下。你要是不伤害它，它就不蜇你。它是蜂族中的"高富帅"，昆虫界的"战斗机"。掘地蜂智商高，拖着食物回来时，先把食物放在门口，警惕地进洞里巡逻一圈，确信一切正常时才会把食物拖进来。但"蜂"高一尺，"人"高一丈，高智商的掘地蜂被智商更高的科学家盯上了。

当掘地蜂拖着食物回来，放在洞口，进洞巡视时，科学家悄悄地把食物拿远一点点。

掘地蜂巡视正常出来，咦，我的食物呢？它发现附近有块食物，立即兴奋地扑过去，将其拖到洞口。然后，掘地蜂把食物放在洞口，再次进入洞中巡视。趁这机会，科学家再把食物拿远。掘地蜂出来，咦？又向远处的食物冲过去，将其拖到洞口，继续入洞巡视。科学家再把食物拿远。掘地蜂出来，依然重复此前步骤。

科学家把食物拿远40多次，掘地蜂拖回来40多次，放在洞口40多次，进入洞中巡视40多次……次次动作都一模一样，也不嫌累得慌。

李善友老师真诚地问这说明什么。看似高智商表现的掘地蜂，实则不过是遵从刻板的基因指令。

02

李善友说，哲学家丹尼特提出一个超可怕的问题：你凭什么确信自己不是掘地蜂？

正像哲学家所说，其实我们跟掘地蜂没区别，也是基因的创造物，遇事听基因的时候多些，听自己的时候比较少见。

海外有份报告，有点年头了。这份报告说当年的美式快餐店，催生了美国一代肥胖的人。胖子们不开心，就抗议快餐店用美味引诱他们，害得他们成为球体，要求快餐店必须解决这个问题。

怎么解决呢？快餐店高价请来了专家。

专家拿了巨额咨询费，从此茶不思饭不想，绞尽脑汁地思考。终于有天石破天惊，想出了一个好到不能再好的法子：菜谱里加一道蔬菜沙拉。

闻知有了健康食谱，美国肥胖的人们蜂拥而来，挤爆快餐店。可是令人意外的是，健康菜谱没几个人点，反倒是不健康食品销量连翻了几个跟头。

快餐店恍然大悟，原来这就是营销。

只要给人一个理由，人类就会心安理得地遵从基因指令，沉溺于旧有模式中。

03

哲学家帕斯卡说，每个人都是被废黜的国王。意思是说，每个人生来拥有一个自由的心灵王国，一个自由的财富王国，可是却被一群坏家伙拖下宝座，赶出皇宫，赶到了风吹日晒的荒野之上。前望无路，后退无门，大家真的好惨哦。

这群坏家伙是谁呀？

他们就是基因的意志。人类其实和动植物没什么区别，都是基因创造出来的。当初基因创造我们，和我们现在创造机械智能的目的没有区别，都是让创造物服务于创造者。基因创造我们，如同我们制造汽车或飞船，就是为了让我们不辞辛苦地东奔西跑，进食繁衍，完成基因迅速扩张的任务。

然而，平地一声惊雷。作为基因创造物的我们，不知哪条神经出了故障，竟然"哐"的一声，冒出一个自我来。从此有了自我意识，也让我们人类有了比基因繁衍更伟大、更高远的目标。

但是基因不管这么多，仍然对我们发号施令。于是就有了屈从基因意志的人，时刻开你脑洞，让人无语。

04

公众号的冷笑话精选，重提去年红遍微信圈的文章《文盲不可怕，美盲才可怕》。什么叫"美盲"呢？就是对美丽的事物无感，看不到，看不见，或者看见了也没感觉。你招呼他登山，他十分诧异地道："上去干吗？爬那么高累一身臭汗，待会儿不还是得下来吗？"你招呼他旅游，他很是郁闷地说："跑那么远干吗？花时间费精力，不如待在家里睡觉。"你招呼他去看画展，他不屑地冷笑："有没有搞错？还要花钱，还不如网上的高清图片更清楚呢。"你招呼他去听音乐会，他厌恶地摆手："省省吧，有那钱不如去找女生，犯得着跑这么一趟吗？"

木心说："没有审美力是绝症，知识也救不了。"为什么知识救不了呢？

丧失美感，或是丧失对生命本体的热爱，并非是人的意志，而是基因意志。

对于基因来说，诸如登山、旅游、读书、欣赏画展或是听音乐会，这些全是毫无意义的。因为基因不懂这些，他给我们人类发布的指令也没这些。

活得有个人样，发现美，获得爱，获得智慧与自由，这是人类的追求。一旦你失去这些，铁定是基因在闹事。

05

卡夫卡说，真正的道路是用来绊人的。这话又是什么意思呢？意思是说，人类如果想摆脱基因奴役，获得爱与自由，就必须寻求智慧的帮助。但基因这货，作为人类的创造者，才不肯放弃对人类的所有权与控制权。基因会想尽法儿地跟人类斗。

基因最常用的法子，是让人类产生错觉，以为自己获得了知识，明白了道理，正行走在智慧的康庄大道上。实际上，这一切不过是人类的错觉，我们仍然沿循基因的指令，继续干着没有品位的事儿。

《人民日报》曾经发了一条新闻，说有个姓周的孩子，在一所不错的大学读书。由于他这个学期没有专心听讲，考试成绩有些惨不忍睹。为了避免父母的批评，他上网求助，偶然间发现了一个"大学生修改成绩"网页。这个网页就是好，你的成绩你做主。周同学果断支付2 000元，让人家帮他把成绩改体面些!

对方收了钱，却把他给拉黑了——原来是遇到了骗子!

遇到骗子没关系，有骗子，找警察。周同学继续在网上搜搜搜，很快搜到一个网警，请求网警替他把骗子拿下。网警也挺"客气"，让他先打8 000元，就给他把这事办了。周同学有钱，二话不说就支付。然后才知道，这位所谓的网络警察，其实还是骗子冒充的。

如果李善友看了这消息，铁定会惊呼一声："天啊，这位同学，你的行动模式明摆着是一只大号掘地蜂啊！"

06

明白那么多道理，还过不好自己的一生。这是为什么呢？

三年前，有人在网上发了一张图，是近距离照的一只鸽子。在这幅照片中，鸽子的体形极大，远处的人则显得极小。

于是有人惊呼："你家鸽子怎么比人还大呢？这不科学！"

"不是……"他干脆画出透视图，解释说，"不是鸽子比人大，而是鸽子站在镜头前，距离镜头比人近，所以看起来比人大，明白了吧？"

对方："原理我知道，不过你家鸽子到底吃的什么？怎么长这么大？"

他："不是解释过了吗，不是鸽子比人大，只是在图片里显得大。"

对方："道理我都懂，但我就不明白你家鸽子为什么这么大。"

为什么这么大？他发现自己无法向对方解释明白这件事，最终彻底崩溃了。

这个故事，其实是网友们在跟发图的朋友开玩笑。玩笑是玩笑，但现实中许多所谓明白道理的人，正是这样。他们只是认识组成道理的文字，既不知道道理是怎么来的，更不曾在实践中应用过，却昧着心智说自己明白。这其实是基因在忽悠，目的就是让你继续奉行基因意志，拒绝真正的明白。

07

摆脱基因控制，心灵才会自由。跳出道理的局限，才算是真正明白道理。学会在更高维度上认知自我，才能更好地解决问题。

有位官员问孔子的学生，你家老师多才多艺，什么都会，什么都懂，他怎么这么厉害呢？

学生回答，我老师是圣人，当然无所不知。

孔子听到后说："小孩子别乱讲话，你以为老师生下来就是个圣人吗？错！老师以前也曾混吃等死，既没什么志向，也没什么目标，每日里就为一口衣食而奔波。当过吹鼓手，做过财会师，放牧过牛羊，管理过仓库。老师我干得比驴多，吃得比鸡少，累得很，可越努力越混不明白。终于有一天老师醒悟了，是人就要活出个人样，就要有人的追求，不能屈服于眼前小利及卑微的目标。所以老师我视传承智慧为天职，转而追求人生的至高境界，这才时来运转，混成了今天这般模样。孩子们，你们也要长长心，记住我的话哦。"

08

生而为人，就要活出个人样。

我们的心里都有智慧的种子，同时又有丑陋不堪的一面。一如此前美国的胖食客，餐厅的健康食谱不过是他们去餐厅大吃的借口而已。我们也是一样，口口声声奉道理而行，其实更多的是屈从心中的欲念。

走出掘地蜂的悲哀循环吧，我们的坚强超过自己的预料，任何人也改变不了我们；我们的柔韧也超出了自己的预料，每时每刻都在改变着自己，变得更好，或变得更差。

王阳明先生说，"人皆可以为尧舜"；帕斯卡则说，"我们都是被废黜的国王"。我们之所以被废黜，只是因为屈从于心中丑陋不堪的欲念，失去伟大的人性目标，失去诗和远方，失去美与智慧，失去爱的能力，最终失去我们自己。

回归自我吧！

　　人与人在外貌体质上，是相差无几的。但心灵认知的力量，让我们拉开遥远的距离。勇敢的智者，敢言为天地立心，为生民立命，为往圣继绝学，为万世开太平。他们的目标超越基因意志，所以他们的思考与成就，也呈现出更高的维度。而那些屈从于卑微欲念的人，终将陷入自我贬抑的悲哀循环。越是恐惧，越是退缩，生存空间越是逼仄，终至退无可退，枉负了灿烂人生。切记真正的道路是绊住人的，渴望成就事业者，必须从中跳出去。跳到更高，看到更远，才知道所有的文字尽显苍白，真正自由的生命，不过是行动与实践。

追求美好的人生，何时开始都不晚

01

读到过一句极有价值的话：

高中毕业时的人生差距，全靠家庭和父母；大学时期的人生差距，全靠高考时的分数；毕业开始时的人生差距，靠学校的牌子和名气；毕业10年后的人生差距，全在于我们自己的追求。这段话说得极好，应该用小楷书写下来贴在床头书案上，时时警醒自己。然而，进入社会后的我们到底应该追求些什么呢？

02

人生最重要的是方向。方向对了，事半功倍。怕就怕方向错了，越是努力，距离幸福快乐的目标就越遥远。这样的人生，铁定是悲催的。

台湾作家林清玄，文字清新隽永，阅读时常令人有种感觉，仿佛一位儒雅的书生正与你踞坐谈心。

林清玄写出这种清新隽永的文字，与其母亲的启发有很大关系。

在林清玄开始尝试写作时，母亲非常关心，不时地翻看他写的东西。

有一天，母亲问他："孩子，你整天写呀写，是想写生活的苦难，还是想写人生的快乐？"

"都写，苦难和快乐全都写。"林清玄回答。

"不对，"母亲摇头，"如果你想让人承认你的写作才华，最好多写人生的快乐美好，少写苦难。"

"可这是为什么呀？"林清玄不明白。

母亲摇头："孩子，别人的日子已经够憋屈的了，用不着你来提醒。人家阅读文字，是想从中看到美好，看到希望，看到信心，看到智慧和快乐。"

"呃，是这样啊，"林清玄恍然大悟，"那我以后多写快乐的……"

有此一言，林清玄找对努力方向，从此文字广受欢迎，为他改变自己的命运扫除了障碍。

03

美国有个女孩，叫玛丽亚·威德尔。这孩子好可怜，小时候父母离异，耽搁了她读书，她每天要打理家务，还要帮母亲照料弟弟妹妹。20岁时，她遇到了真命天子，一个气质不凡的英俊青年。玛丽亚陷入情网，不久两人结婚。

万万没想到，玛丽亚看错人了，千挑万选找了一个坏男人，对方好吃懒做，而且嗜好家暴。他每天痛打玛丽亚，逼迫她想办法挣钱给自己花。

玛丽亚做了时尚杂志编辑，辛苦打工，供家暴男花销。但对方没有丝毫感激或者收敛，反而变本加厉了。渐渐地，玛丽亚感觉不对头了，再这样忍下去，自己说不定会被丈夫活活打死。

她逃出家门，坚持要求离婚。宁可净身出户，也要保住性命。

第一次婚姻，带给她的是空空的行囊与满身的伤痕。

第二次选择结婚对象时，她吸取了上次的教训，小心翼翼地观察对方的人品，直到确信万无一失，这才与对方携手步入婚姻的殿堂。

进了婚姻殿堂，玛丽亚的第一个想法就是自己眼光不错，这次终于选对了人。可是，她65岁时立马否定了这种想法，因为她又看错人，第二任丈夫居然比第一任丈夫更恐怖！

玛丽亚与第二任丈夫携手恩爱几十年，两人在这几十年中从未红过脸。玛丽亚65岁那年，她的第二任丈夫在她的注视下不幸含笑逝去。

丈夫死了，玛丽亚正准备悲伤。可是忽然之间，外边竟然来了好多前来催债的债主。

此时，玛丽亚恍然大悟，第二次婚姻其实是个骗局。男人娶她的目的，就是为了在外边疯狂借贷，欠下巨额债务，让她来偿还。

当时玛丽亚就惊呆了，自己都65岁了，一个老太太，没本事没能力没才华，还要替第二任丈夫偿还巨债……

65岁要求职谋生路，这玩笑可开大了。可是没办法，谁让自己看错人呢？玛丽亚硬着头皮去求职，这当然没任何希望，哪家公司也不缺妈，对着她的鼻尖重重关上了门。

正值绝望之际，玛丽亚忽然注意到，求职路上，总有些奇怪的人对她指指点点，还有人偷偷拍照。

有些大胆的小伙子，上前递名片："这位气质非凡的女士，您一定是非常出名的模特吧？可否把您的名字告诉我？"

玛丽亚明白了：对了，由于自己连续婚姻失败，所嫁非人，为了排遣心里的伤痛，遂将精力多用于研究"美"，虽然她的年龄已65岁，但长时间专注学习，终培养出自己独特的美丽感受。这让她在年轻的女孩面前，仍是毫不逊色。

此时，玛丽亚恍然大悟：我爱美，我懂美，我追求美，我就是美……这岂不是现成的饭碗吗？为什么放着现成的饭碗不端，却和别人竞争呢？

玛丽亚开始进军影视界。

眨眼工夫，年迈的玛丽亚在好莱坞已经25年了。

这一年，她被评为纽约最美50人之一。没人说她老。她才刚刚90岁。这一年的她，已经在多部大片中出演角色，美国最知名的杂志排队恳求她上封面，多家时尚品、化妆品都以她为代言人。那种不受岁月侵蚀的美丽，始终让她光彩夺目。

玛丽亚告诉女儿，别把年龄太当回事！

生命的价值，在于你有信念与勇气，活得漂亮、完整！

04

玛丽亚的故事听起来好独特，好像不是人人都能做到的。其实不然！日本也有个老奶奶，呃，有个少女，她的人生经历简直是美国玛丽亚的翻版。这个日本少女，原本是位白富美，但她的父亲是当地知名懒汉，每天连吃带赌，恨不能一锤子把家底折腾光——最终他成功了。从此家境一落千丈，她沦落为贫家姑娘，每天不停地操持家务，累到半死。

20岁时，她嫁人结婚，但并没有摆脱噩梦般的恐怖人生。家暴上瘾的丈夫，每天拿木屐往死里抽她。抽得女人患上木屐恐惧症，一见鞋底就瑟瑟发抖。她只想逃离这可怕的婚姻，最后历尽艰难，终于成功离婚。从此女人害怕婚姻，独身了13年。

13年后，一个勇敢的厨子向她发起攻势，最终攻陷了她心中坚固的城堡。

回忆这段婚姻，她说："我丈夫真好。赌博，酗酒，不务正业，也不给家里赚钱……真是完美好男人。"

丈夫赌博，酗酒，不务正业，女人居然说他是完美好男人。莫非女人有精神病？没有精神病，虽然丈夫一无是处，但这个男人不殴打她。经历了第一次残酷的婚姻，遇到一个不揍自己的男人，女人就心满意足了。

但这样的好男人命短啊。女人60岁那年，不务正业的好丈夫去世，她又开始了一个人的生活。

她很坚强、很勇敢，每天跳舞健身，跳了三十来年。

92岁那年，女人跳舞扭伤了腰，躺在病床上想：哎呀，我这一生太平淡了，人生总应该有点追求吧？追求什么呢？九十二年的人生，吃尽了苦，历尽辛酸，最难舍弃的还是生命之美。

那就把这种美写出来如何？

日本的报刊，开始接到一个署名柴田丰的美少女投稿。诗句轻灵、幽默，充盈着对生活的爱，洋溢着生命之美。

诗句刊出后，立即被电台抄袭引用。一时间，美少女诗人柴田丰之名，在日本家喻户晓。

许多人都想见见她，见见这位热爱生命、灵慧妙思的美少女。

电视台来了，然后惊呆了。

美少女柴田丰，就是那位92岁的老奶奶。

经历了人性的冷寒，才会更加热爱生命。

经历了人生苦难，却用美妙诗句治愈了无数人的心理伤痛。

05

美国奶奶玛丽亚与日本奶奶柴田丰，都曾说过类似的话，太开心了，就没在意自己的年龄。

她们的人生，并无丝毫励志可言。

只是正常。

有多少人陷入颓迷心境，把自己的人生弄到偏离常态？

总听有人说，生活太艰难了。然而生活就是这样，我们心中的美丽，犹如种子，深埋于大地，总是要承受泥土的高压，才盛开出绚丽之花。千万不要把成长视为痛苦或不幸，坦然面对，自然接受，才不会失去对美的挚爱。

总会有人说，太晚了，来不及了……其实任何时候都不晚：20岁时，站在楼下看风景，30岁站在楼上看风景，40岁站在山顶看风景，50岁带着睿智看风景，80岁以优雅恬淡的心境看风景……人生所做的一切，不过是为看到心中最美的风景。

06

让玛丽亚与柴田丰的生命绽现光华的，是她们对美丽的执着。

一切为了生命的美好，一切为了更美丽的心。

新生代说，"生活虐我千百遍，我待生活如初恋"，说的就是这个。

人生不过是一个经历过程，许多时候我们所谓的悲苦不过是正常的成长，正常的人生责任与行进。但如果我们不喜欢自己，不喜欢生活本身，那我们所遭遇的一切就成为生命不堪承受之重。

走出困境之心，莫过于寻求生活中的美。

王阳明先生曾与友人出游，见岩间花树。先生说，看这花树之美，姹紫嫣红。但如果你内心匮乏，看不到美，这美丽在你眼里顿显黯淡灰败。直到你的心觉醒，美丽涌现，这岩间花树才会与你的心，一同明艳，光照天地。

苏东坡说："谁道人生无再少？门前流水尚能西！休将白发唱黄鸡。"这诗句，不是豁达，而是写实。苏东坡把人生视为一个持续过程，没人规定只有少年才可以奋斗努力，更没人规定蹉跎青春后，就不可以发愤再起了。道理都明白，只是乏倦的心让我们陷入颓迷，年纪轻轻却老气横秋，强壮的身体弥漫着浓烈的死气——别再这样残忍地戕害自己了！对自己好一点，永远保持一颗柔软的心，阅读、行走、交谈、思考，愿你走出半生，归来仍是少年。这祝愿原本是你心灵深处的呼唤，只要我们执着于对美的追求，不放弃对生命的热爱，就会时时刻刻与美丽的辰光相逢。

改变人生的五个问题

01

有些朋友活得不快乐，美好的人生被他们弄成了困境。困境，是内心的认知造成的。因为我们的人生理解出了偏差，圈住了自己。

02

想要开心快乐，就得廓清迷雾。

认知通透了，心明而静，再做起事来，就会做到点子上，这时的人生，就如驶出漩涡的船，乘风破浪，一日千里了。

我们要问自己五个问题，这五个问题实际上就是人生水道上的五个漩涡。曾有许多人一辈子陷在里边，在原地打转，止步不前。如果我们愿意把这五个问题想清楚，就有机会步出迷茫。

第一个问题，别人吃饱饭，你是不是不饿了呢？

看了这个问题，你肯定会怒了。吃大餐的是别人，跟我有什么关系？别人吃得再饱，我也得吃自己的，看别人吃饭就以为自己会饱，这不是神经病吗？

但偏偏有人就是这么不正常！

网上有人说起一件事，有个孩子，学习成绩差，就想出国。其父母都是老实巴交的工薪阶层，收入低微。可为了孩子，这对父母还是一狠心一咬牙，把家里的小平房卖了，送儿子出国。

去机场的路上，父母心事重重，以后连个住的地方都没有了，这日子还怎么过？正在发愁，满脸愤怒的儿子突然间吼起来："都怪你们，都怪你们俩！你们俩这辈子是怎么混的？你们当年怎么不参加红军？怎么不去长征？怎么不下海？摊上你们这样的穷父母，我真是倒了八辈子血霉！现在弄到要出个国，都没个国外亲戚担保。你说像咱们这种穷人，出国又有什么用？还不是净遭罪？"

当时那位父亲一下子醒过神来了，立即说："孩子，你说得太对了，像你这种人，不要说出国，就算是上天也没用。那你就甭去了，咱们回家。"

"别呀……"始料未及，当时儿子就有点慌了。但是父亲已经拿定主意铁下心，立即叫出租车掉头往回开。

回去之后，这对夫妻就近租了一间门面房，其父对儿子说："孩子，你要搞清楚一件事儿。爹妈没有对不起你的地方，对不起你的是你自己。你心里只想着好吃懒做，只想着坐享其成。每个人的人生都是自己的，你自己不争气，再抱怨别人也没用。从现在起咱爷俩桥归桥、路归路，你去抱怨你的，爹妈过自己的日子。每个人的饭碗都要自己端，这世上就没有靠别人的道理！"

这个故事贴出来没两天，儿子是否幡然醒悟，从此发愤图强，不得而知。但这位父亲最后那段话，却是极有道理的。

每个人的人生都只属于自己！你的事业你奋斗，你的人生你负责！这世上从没有别人吃饱你不饿的事儿，也不会有别人奋斗你成功的道理。哪怕奋斗者是你亲爹，你也仍然要找到自己的路，找到自己的人生意义。比如，巴菲特赚钱赚到手软，他的儿子仍是通过自我努力成为一名音乐家。一个人只有拥有自己的人生事业，才能撑得住，立得稳。

自己的事业，犹如自己的饭碗，端得起，放得下，才能吃得心安理得。父母的成就，其实和你没有丝毫关系。以为父母努力，自己就可以做个混吃等死的富二代，这是错误地解读了人生。没有事业追求的人，人生就没有饭碗，只能狂吸父母的血汗而残喘。如这般立不起之人，在这样一个险恶的世道，终究会失去其所凭靠的一切。

没有能力获得，就没有能力拥有。你的上进与努力，才是自己人生的希望。

03

第二个问题，你是不是很喜欢替别人的错误买单呢？

替别人的错误买单？这多不正常啊！但这种人真的有。有很多人，在网上发泄愤怒，仔细看他们的帖子，所言所述无非是多么讨厌老师。数学老师偏心，喜欢学习好的学生，讨厌学习差的学生。学习好的学生明明错了，可老师非说他的错是无心的，因此打个对勾。差生好不容易答对一道题，可老师非说他是瞎蒙的，因此不得分。此类事件逐日累积，就让差生的心理阴影面积越来越大，结果演变成对数学恨之入骨。可纵然老师千错万错，这跟数学又有什么关系？至于让你连孩子带脏水，一块泼出去吗？

正如蔡康永所说，学校烂，上课闷，你就从此拒绝学习和阅读，以示抗议吗？杀错方向啦！他们教学失败，那是他们搞砸他们的工作。你拒绝学习和阅读，这是搞砸你的人生啊。这不是抗议，是自残，你抗议的对象无感，而你自己尝苦果。就像你连续吃到三家烂餐厅，难道你就从此绝食，以示抗议吗？

有的女孩，遇到个坏男人就哭哭啼啼，终日以泪洗面。还有人遇到个坏老板，遭受到不公正的对待，从此就怀疑人生。还有人幼年有过痛苦记忆，愚蠢的父母不懂教育，给他心里留下阴影。诸如此类，都是别人的错误，就让他们自己付出代价好啦。我们有自己的人生，绝不容许他人之错毁弃我们的前路！

04

第三个问题，你在街上丢了100元，你愿意花1 000元，甚至花10 000元，去把这100元找回来吗？

你可能又说这个问题愚蠢了，但愚蠢之人不在少数。

有个网名叫文君的女孩，发微信倾诉她的痛苦。大学时期，有个小男生追她，她觉得这男孩善良又单纯，于是各种戏弄。还带着自己的室友，约了男孩郊游，一路上肆意欺凌对方。可万万没想到，就在这次郊游之后，自己的室友竟然和男孩开始交往了。

室友是个脾气暴又贪慕虚荣的女子。她拿男孩当驴使，毕业不过五年，男孩已经被折磨得面容憔悴，形容枯槁。为了满足女友的购买欲，男孩除了每天加班，还要在外边接许多私活。二十来岁的年轻人，过度劳累，疲惫不堪，突患重病。可是，在男孩最需要照料的时候，室友取走他的银行卡，扬长而去。

文君说这件事成为她心中最大最痛苦的阴影，她觉得是自己毁了男孩。实际上自己当时是爱他的，可是年轻单纯不懂爱，等到明白了，一切都晚了。她觉得这都是自己的错，想回到男孩身边，照料他。可这事怎么跟老公解释？又怎么跟孩子说明白？

看这个姑娘，都已经为人妻、为人母了，还在纠结大学时代的事儿呢！

有些人就是这样奇怪，如"张果老倒骑毛驴——两眼向后看"。纠结于青春往昔的一点鸡毛蒜皮，把自己想象得十恶不赦，往死里折磨自己。其实年轻人在一起，就是学习如何相互伤害，学习在伤害中的康复能力。谁年轻时没干过点荒唐事？谁的生命之中，又缺少了遗憾？

还有些人，为失去的机会痛心疾首，月白风清之夜，不断地长吁短叹。这些人距离过去太近，距离未来太远。他们为找回丢失的100元，付出了更多人生。

05

第四个问题，你会不会怕摔倒，就一辈子趴地上不动了？

有的人真的这样干了。

有多少人，如狐狸看着玻璃橱窗里的小母鸡一样，每天望着自己的人生未来流口水。想得到一切，想获得梦想的辉煌与荣耀，可他们就是不敢行动，害怕出了错，被人侮辱、嘲弄、讥笑。

害怕失败，害怕颜面无光，因此不敢行动，不敢向着人生目标行进。可同时，他们害怕别人嘲笑自己没有上进心，就每天自欺欺人，说人各有志，说自己只是个普通人，说平平淡淡才是真。他们其实就是害怕摔跤，因而连路都不敢走的人。

06

第五个问题，不习水性的人，有能力泅渡大西洋吗？

咦，这个问题好像能解决，弄根绳子拴他腰上，拖在游轮后面……只不过，没拖出多远，这人就不再是活物了。

人生就是大西洋、太平洋，我们不仅需要熟习水性，还必须准备好帆舟。闯过人生之关，我们需要太多的能力和太多的本事，无论我们所学多少，外界环境始终比我们更强大。所以赶紧行动起来吧，去学习自己这一生需要掌握的无数学识。不仅要学习抽象的知识，学习知识在现实生活中的应用，还要学习如何与人相处，如何与人合作，如何通达人性，如何让我们的思想转化为有价值的收获。

没有人随随便便就能成功，你必须做足准备工作。

07

问过自己五个问题，人生就不再那么神秘。

第一个问题，别人吃饱，你是不是就不饿了？你的人生，由你所做的事儿构成。别人的事业成就不了你，成就你的，永远是你自己的努力。

第二个问题，你是否愿意为别人的错误买单？任何人都没有义务对你好，受伤害是成长的必然。别人的错误归别人，千万不要因此毁弃自己的人生。

第三个问题，你是否为往昔的错误痛悔不已？人生就是试错前行，过去的归于过去，未来才属于我们自己。

第四个问题，你会不会怕摔倒，而不敢走路？失败只有一种，那就是害怕失败而放弃。

第五个问题，你是否正在为自己的人生，准备好足够多的技能？未来的挑战，将是空前之严峻，必须学习一生，方能成就自我。

人生最重要的是想明白。想明白了，一切就简单了。

08

人生之路，并非平坦如砥。五个陷阱横亘在我们面前：渴望坐享其成，因遭遇不公而情绪化，泥陷往昔而不知前行，恐惧失败而不敢行动，以及怠惰消沉不抓紧时间学习。

陷阱之所以成为陷阱，是因为这五个问题构成一个能够自圆其说的思维圈，让我们沉迷其中，不知其谬。只有换个方式问一下，才知自己看似正常，其实很不正常。

别让荒谬的认知，拖住我们前行的脚步。

幸福的人生都是相似的。不幸福的人生，各有各的瞎折腾法。

幸福的人，活得简单，看得通透；不幸福的人，各自迷失于心理陷阱中，每日里文过饰非，自欺欺人。由于过度偏离了自我本质，心理上无时无刻不在承受着巨大的压力，活得苦，活得累，徒然抱怨这个世界悲冷无情，却找不到回家的路。其实只要用心想想，认识到自我心理的荒谬，就能够走出迷雾，荡一叶轻舟，驶出千里迷津，回到简单明丽的现实世界。这个时候的我们，无苦，无悲，无愁，无怨，只是想自己该想的，做自己该做的，得到自己所希望的。一切的简单平实，不过就是正视自我内心，不过就是回归自我。

活到点子上，一辈子才不白活

01

俞敏洪先生曾说，有人一下就能活到点子上，觉得自己一辈子没白活，幸福指数超高。回头看自己的人生路，没有太多遗憾。如果让他重新过一辈子，他仍会如是选择。

有些人就比较麻烦，一辈子活得不着边际，痛并扭曲着，苦且纠结着。给他机会重新来过，他绝不会再选择此前的自己。

怎样才叫活到点子上？

要怎样做，才能无悔无怨，不白活这一生呢？

02

什么叫活到点子上？这个话题先不急，我们先来说说那些活不到点子上的郁闷的人。

有部电视剧叫《小别离》。剧中读初三的朵朵家境优裕，正在发奋冲刺高中。她的父亲是位眼科医师，她的母亲在一家化妆品公司工作，两人都有很强的事业心。

高中真的不好考，剧中称：哪怕是在北京，也只有20%的孩子有资格读高中，进入重点中学的孩子更少。

竞争是如此惨烈，但朵朵出场就把英语考砸了，不及格。排名直跌到百名之外。

家里热闹了。

《小别离》剧中的妈妈拍板，花钱找个家教，一对一辅导，提升朵朵的信心和成绩。

妈妈把这个任务交给爸爸。

爸爸找来一个美女——他的女弟子，华裔美国人，打小在美国长大，英语顶呱呱，中国话反倒说不利索。

美女采用美式教学法，指导朵朵阅读美国原版著作，朵朵学习劲头大增。

但是学校的老师怒了！

当时英语老师课堂上讲语法，按标准答案来，可是朵朵没有按老师讲的方法做题，所以老师说朵朵做错了。朵朵急了，拿出美国原版书，证明错的是教材。老师大怒，认为朵朵顶撞自己。

事情严重了。

爸爸妈妈心疼朵朵，并没有为难女儿，而是找美女家教的麻烦。

他们要求美女家教放弃美式教学法，改用正规出版社的教材。

美女拿过教材一看，顿时傻眼。

剧中，美女家教在解读一道单选题，可她打小长在美国，认为这道题选B是没错的，选C也行，B、C都没错，可怎么给弄成单选了呢？

美女家教顶不住，立即打电话给在美国的老师，问到底应该选B还是选C。美国那边回答这道题根本就不应该单选，B和C都对。

没招了，看看标准答案，到底是B还是C？

标准答案竟然是选A！

当时家教就崩溃了：中国人，你学的到底是哪一国的英语？

03

中国特色的英语，竟然跟英美国家没关系。那这事该怎么办呢？妈妈的解决方案是立即炒掉美女家教。管什么对与错？女儿只有按书上的标准答案来，才有可能考上好高中，才有可能读好大学。可是，如果女儿学的英语跟国际不配套，将来怎么办？

妈妈管不了那么多了，她根本不管女儿的未来，只想要眼前的分数。

这位妈妈的处理方式，就是典型的活不到点子上。所以她特别纠结，特别痛苦。因为过度焦虑，导致她体内的雌性激素分泌出了问题，好端端一个人成了一只"行走的火药桶"，动不动就发怒。

朵朵的妈妈固执异常，把一个幸福的家庭弄到愁云惨雾的地步。

女儿朵朵有写作天赋，偷偷写小说贴到网上，打赏点赞者无数，就连同班同学都成为她的拥趸。

此事不幸被妈妈发现，结果妈妈又发怒了，她一遍又一遍地厉声质问朵朵："你写这东西有什么用？有什么用？这东西能给你增加成绩分数吗？"

这位妈妈没有认真地去想，她认为没用的这些东西，对女儿来说非常重要。

每天的人才市场上，数百万大学生在求职，可许多人就连最低的文员都拿不下来，因为他们缺失基本的写作能力。现在的职场，哪怕是个小文员，每天的工作也是不停地写写写，写文案，写策划，写报告，写总结。就连剧中的妈妈，她主要的工作也是写写写，却扼杀女儿这方面的特长。这种教育就是典型的活不到点子上。

还有妈妈对女儿家教的态度。女儿幸运地遇到了一位好老师，可是妈妈却赶走美式家教，只为了让女儿考出好分数。以他们的家境，根本不需要如此短视功利，但他们非要这样做，摆明了是和自己过不去。

04

活不到点子上，正如"买椟还珠"。分辨不出人生的正常课题，往往会陷入奇怪的枝节中。

拦江书院的一个学士，曾说过他们公司的一件事。

公司组织新老员工进行联欢活动。有个保留项目，把员工随机分组，每组七个人，赤橙黄绿青蓝紫七种颜色，每人选择一种颜色，然后分组竞赛。每年，总有几个小组还没进入正式比赛，就先把自己淘汰了。

这些自行淘汰的小组里，总会有几个特别纠结之人。比如，有人特别偏好红色，说红色是他的幸运色，非红颜色不选。如果拿到红颜色的人，对此无所谓，把红颜色给他，也算过关了。可偏偏对方也同样喜欢红颜色，你越想要红颜色，我越是不给你。于是双方纠结，同组中人被激起纠结之心，也加入争夺，结果对手小组已经抵达地点，他们还在这边为了颜色吵闹不休。活动过后，这些自行淘汰的纠结之人，就有可能进入裁员名单。因为他们分不出好歹，拎不清轻重，自我纠结倒也罢了，公事上纠结起来，会增加公司的管理成本。

这些活不到点子上的人，是自己淘汰了自己。他们的时间都浪费在无关紧要的小枝节上，却对正常的人生不理会。他们比谁都累，比谁都辛苦，收获的却只是满腹辛酸。

05

活不到点子上的人，总有发不完的脾气，流不尽的辛酸泪。

比如《小别离》中的妈妈，她对女儿的规划只停留在大学阶段，却不知道这只是个过程，而非本质目的。她真正的目的，应该是让女儿成为一个优秀的人，一个强大的具有适应能力的人。读大学只是个手段，是服务于这个目标的。可当家教把最终的目的呈现给她，当女儿表现出自己的天赋时，她却抵死不依，大吵大闹，让全家人陷入痛苦不堪的境地。

只因为她不知道自己想要什么，只能事事跟别人比。别人有的，自己就赶紧去抢，全不管这是不是自己需要的。

活不到点子上的人，视线不是向前，而是看向两边，盯着别人看，没有自己的人生，一味和别人比较。

还有些人更奇怪，他们的视线永远是向后的，活在昔年的痛苦往事里，不去看往昔的快乐，也不看未来的希望。这些错误的着眼点，让他们的心无时无刻不在承受着痛苦煎熬。所以我们需要找到办法，走出纠结，开心起来。

06

要想活到点子上，得先看到点子上。纠结之人正是因为看不到这个点，所以才会活得憋屈。但这个"点"，到底在哪里？

下面提供一个方法，帮助你找到人生的点，或是你想指导的孩子或朋友的点。

第一步，先看到自己的暮年。

此时你已经垂垂老矣，进的气少，出的气多。然后你问自己，你希望自己此时在什么地方？是如死狗一样，被扔在冷风席卷满地垃圾的长街上，还是躺在舒适的病房中，被一群关切自己的人簇拥着？

如果你选择暮年活得有尊严，进入第二步。

第二步，向后看，看到社会此前100年的进程。

你会发现，社会进程是波浪式的，每隔30年有一个波峰，有种人文精神被倡导，有种文化被传播。但再过30年，昔年的荣誉成为耻辱，是非观念彻底翻转。再过30年，耻辱再成荣耀，是非再次翻覆。

于是你知道，无论你想搞什么名堂，30年后必会一无所获。

第三步，社会在变，反复无常，你需要活到点子上，把握住不变的东西。

问自己：纵使时代翻覆变化，始终不变的东西到底是什么？

是智慧。万古千秋，让人类走出愚昧的始终是智慧。

第四步，一切知识都会过时，所有技术都会落伍，天常变，而道不变，确保我们在无尽变化之中，立于不败之地的，是不懈求索智慧的能力。

"学而时习之，不亦乐乎"，不断地学习，不断地实践。所谓学习，不过是颠覆自我认知的过程。只有不断地否定自己，向智慧行进，才能避免被大时代所否定、所淘汰。

第五步，求索智慧的动力，源自荣耀的心。

做个一生都有尊严的人，永不被眼前的缭乱所迷惑。20岁要做40岁不落伍的事儿，40岁要做60岁仍不失尊严的事儿，60岁为80岁的荣耀努力，80岁时要为百岁的尊严打拼。你思考的时间线必须足够长，才不至于失去机会点。

07

瞬息浮生，为时多么短暂，被时光带走的一切，永远不会再回来。

人类社会在变，唯其智慧万古不易。苟且之人，目光短浅；纠结之人，肝肠寸断。想一生活得快乐，就必须认真地思考，让明晰的目光穿透自己的人生，看到足够远，才会看到点子上，活到点子上，才不会挣扎于时下的纠结之中，才能够赋予自己以人生尊严。

让自己成为一个有尊严的人，一生荣耀。以慈悲之心看待世人，以尊严意识要求自我，以变化的眼光审视这个世界，以不变的眼光持续学习。不苟且，不纠结，不慌乱，不烦躁，更不把自己的短见浅识强加于人。时代变了，现代人要活古人两辈子那么长。如此漫长的生命，如果不认真审视，就会活得特别痛苦。所以一定要克制住心里的烦躁，要让目光看得足够远，只有长远的视野，才能让自己的心始终保持平静温和，才能让我们在持续的努力之中，穿透事物的表象，看到那内在的本质；才能让我们心里的认知，渐而丰盈，趋近于智慧本身；才能活在点子上，活在快乐与幸福中；才能让自己的一生，富足而充实，强大而自由。